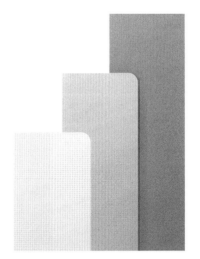

Power BI
大數據實戰應用
零售x金融

▍推薦序

　　數位轉型已成為各個產業的發展重點，然而數位轉型的核心就是數據。隨著大數據和人工智慧技術的日趨成熟，如何透過有效的數據分析工具來操控 Data，進而達到視覺化易懂的潛在資訊？由於 Power BI 便於取得、便於操作，更是一個 Low Code / No Code 最佳的商業智慧分析工具。

　　「資料視覺化分析」，在數據分析領域中，一直扮演著關鍵且不可或缺的重要角色。除了操作的技術之外，更重要的是結合產業知識，才能發揮絕佳的成效。《Power BI 大數據實戰應用 - 零售 x 金融》這本書便是集結了幾位作者多年豐富的產業知識與技術經驗，內容運用了 Power BI 三大模組設計出許多實戰案例分析。它不像一般電腦工具書籍只著重在操作，而是融入更多的產業知識與解讀經驗。這是需要經歷過多年的產業經驗，才能累積出如此豐富的產業知識，乃至於將這些經驗，轉換成實戰案例應用。

　　我非常強力推薦本書給所有對於大數據分析有興趣的讀者，它不但可以讓您認識瞭解資料視覺化，還能啟發您思考如何對數據執行分析，進而用 Power BI 工具來實現工作中所面臨的問題、情境。

　　我與宋龍華和鄭歆蕊兩位作者熟識多年，瞭解他們對不同產業的數據實務分析能力，尤其在職場上有卓著的數據分析規劃、推動與執行經驗，甚至帶領整個團隊建置企業需要分析系統，進而達到數據的洞悉力。

　　預祝《Power BI 大數據實戰應用 - 零售 x 金融》這本書能夠暢銷，擁有這本書的讀者，能夠引領企業朝數據驅動邁進。

陳祥輝

臺北大學統計系業界專業教師兼任助理教授
臺北大學大數據與智慧城市研究中心顧問
東吳大學資管系助理教授級專業技術人員
東吳大學推廣部數位資訊學苑班主任

▊ 推薦序

資料視覺化的力量：洞悉數據背後的決策與趨勢

　　資料視覺化在當今的 AI 浪潮中扮演著至關重要的角色。透過直觀的視覺呈現，我們能夠更迅速地理解和分析龐大的數據，從而發現那些潛藏在數字背後的趨勢和模式。在這個數據驅動一切的時代，《Power BI 大數據實戰應用 - 零售 x 金融》不僅是一本書，更是一把開啟大數據世界之門的鑰匙。這本書集結了學術與產業經驗豐富的多位作者匠心獨運，提供了一個完整的 Power BI 學習與應用的藍圖。

　　這本書以其豐富的產業實戰案例精彩地展示了如何利用 Power BI 的強大功能，每一個案例都是對數據洞察力的淬煉。它讓讀者看到，資料不只是冰冷的數據，更是洞悉世界、驅動決策的強大工具。對於初學者而言，這本書不僅提供了從入門到高級的學習路徑，更重要的是，它強調了資料視覺化的重要性。在這個視覺化的世界中，數據的圖形化呈現不僅使資訊易於理解，更能助力於洞察隱藏在數據背後的故事和趨勢。

　　我非常推薦這本書給所有對數據分析有興趣的讀者。它不僅會引導你掌握資料視覺化的核心技能，更會啟發你思考如何在 AI 的時代中，利用這些技能來洞悉並塑造未來，讓你在數據的海洋中找到自己的方向。

張詠淳

臺北醫學大學大數據與科技管理研究所教授

推薦序

　　這幾年因 AI、大數據，近年來企業對大數據及 AI 的投資有增無減，期望做到數據驅動的業務轉型，數據蒐集回來需要經過清理、整理、運算到分析最後能業務應用，要達到這樣的成果，過往可能需要投入設備與人力。有企業也想要數據驅動業務，卻因種種原因而無法投資相關設備建置與人力投入。

　　但敝人認為有各式各樣工具不一定要全部都投資，數據最終的目的是挖掘價值，根據洞察產生行動方案，協助業務成長與達成；因此，簡單不限於只有數據專業背景的人、為人所熟悉大家都會使用的工具，可以達到目的的工具就是好工具。

　　Power BI 結合上述優點，本人擔任東森大數據主管時，也曾面臨需要員工撈單分析，再運用 Power BI 從數據工程到資料視覺化，使業務單位得以隨時檢視業績目標。本書中以己身產業的實例提供非資訊人員運用數據結合實務案例情境，透過 Power BI 工具達到資料清整、分析、建模、到資料視覺化呈現，一一引導讀者實際操作，對於想從事數據分析而沒有資訊程式技能的人而言，實屬一本好的工具書。

　　因此我相當推薦這本《Power BI 大數據實戰應用 - 零售 x 金融》！

許毓容

前東森購物大數據協理

作者序

　　AI 時代已經來了！資料量累積的越多、資料面向掌握的越廣，對於 AI 的運用將更精準、更成熟。

　　早期我從接觸統計學開始、專精於 Data Mining、Big Data、機器學習、深度學習到 AI 等，這些過程中，唯有一項技術抑或者是說學問，它是始終如一，不可取代，不會泡沫化——那就是「資料視覺化」以及「視覺化分析」，也就是俗稱的「資料視覺化分析」，又名 BI（商業智慧）。

　　Power BI 是一個從 Excel 衍生出來的好工具，從數據蒐集、數據模型設計建構到數據圖表的設計繪製，都可以藉由 Power BI 這個工具來完成，甚至結合了基礎 AI，只要輸入指令，就能夠藉由 Power BI 把圖表繪製出來。

　　本書內容不僅延續前版以視覺化工具介紹為主要篇幅內容，更直接以產業實戰案例來輔助說明，這也是它被命名為《Power BI 大數據實戰應用 - 零售 x 金融》的原因所在。我們的宗旨依舊是期盼「數據」能與大家綁在一起，才會在任何領域應用的非常有深度、廣度。

　　我是謝邦昌，在此誠摯推薦本書，希望各位（您）對「資料視覺化分析」能持續投入、維持熱忱。

輔仁大學 副校長

謝邦昌 教授 謹誌

作者序

2023 年 AI 科技在 OpenAI 的 ChatGPT 生成式 AI 的帶動，孕育出許多 AI 應用的工具，例如文生圖 (text to image) 工具的 Midjourney、數字人工具的 D-id、Github 的 Coplit、微軟的 New Bing 與 Copilot 系列、Google 的 Gemini，還有眾多的新創 AI 工具平台，尤其 HuggingFace 平台匯聚了許多開源的 AI model 與數據集，都在資料科學領域蓬勃發展中。

資料科學 (Data Science) 是一門運用大量資料，透過資料萃取 (Extract)、轉換 (Transform) 與載入 (Load) 的處理過程，結合統計、數學與資訊的理論與技術，利用資料視覺化 (Data Visualization)、資料採礦 (Data Mining)、機器學習 (Machine Learning)、深度學習 (Deep Learning) 的演算法，採用高階的雲端運算伺服器、GPU、TPU，進行精準預測模型建置之科學。在許多工具中，微軟的 Power BI 軟體就是一套非常容易上手的資料科學學習工具。

本書延續前兩本書的觀念與方法，以產業的大數據案例應用介紹 Power BI Desktop 的三大模組。Power BI desktop 版本 (微軟提供免費下載使用)，包含各種資料型態的匯入、資料的處理、各種不同的儀表板功能物件，包含 Power Query、Power Pivot 與 Power View 三大模組功能。對於各種格式的資料檔都能進行匯入與整合，例如 Excel、Json、Xml、Csv、Google 表單、Web 線上數據都能以 Power Query 輕鬆整合；透過 Power Pivot 可以進行資料的關連與分析，最後以 Power View 工具進行數據的視覺化，以儀表板 (Dashboard) 方式呈現。

相信本書透過各種不同大數據實戰應用儀表板的建立，可以讓讀者做中學，深度了解資料的蒐集、儲存、建立分析指標、分析模型的完整架構，希望您能成為一位傑出的資料科學家。

致理科技大學 會計資訊系 副教授

蘇志雄 謹誌

作者序

　　這本書的內容，可以說是以產業實戰案例的形式來詮釋 Power BI 視覺化工具，結合了筆者先前撰寫的 Power BI 零售大數據分析應用、Power BI 金融大數據分析應用的實戰案例，以及此次新增的幾個產業實戰案例。

　　筆者希望以更貼近產業、更貼近實務的方式來撰寫一本大數據分析的工具書籍，因為現今大數據與 AI 的運用越來越普遍了，如何把「數據」推廣到生活領域當中，一直是我的恩師謝邦昌教授和我的理念；「數據」的運用有深有淺，而「資料視覺化」正是幫助一般人從淺入深，去了解、認識「數據」的好處及優勢的一門顯學。

　　因此，這本《Power BI 大數據實戰應用 - 零售 x 金融》有超過 9 成內容都是運用實戰案例來說明 Power Query、Power Pivot 及 Power View 等三大模組，相信內容對於一般從事大數據分析的大眾，或者是要認識大數據分析的人來說，絕對是能引領入門的首選書籍。

　　另外，最後我要感謝我的恩師謝邦昌教授、以及在這段期間幫助我、關懷我的所有朋友、還有我最親愛的兒子，你們都是我持續向上、貢獻所學的最佳動力。本書才疏學淺書中有誤與不及之處，請大家海涵並不吝給予指正。

業界大數據分析師 / 大專院校講師

宋龍華 謹誌

▎作者序

親愛的讀者朋友，

　　能為本書寫序，我深感榮幸。我是鄭歆蕊，一名長期在金融領域工作的從業者，曾在臺灣和大陸參與了大數據應用的實踐。撰寫本書的初衷，是為讀者呈現一份實用的 Power BI 指南，使您能夠深入瞭解這個商業智慧工具的應用，即便是非專業的資料程式編程人員，也能輕鬆上手。

　　本書並非僅僅是一份技術手冊，更是一次關於資料世界的探險之旅。我們將穿越客群畫像、信用卡交易、不動產交易、商品熱度、金融交易行為、電銷成效、催收召回分析等多個業務場景，以豐富的實戰案例為您揭示 Power BI 的功能及效果。它是一本教您如何使用工具的書籍，也是一本引導您如何運用 BI 工具解決實際業務挑戰的指南。

　　在寫書過程中，我的內心充滿無限感激。感謝所有支持者、同仁，以及那些獻上寶貴專業意見的朋友，你們的支持是這本書充滿深度和實用性的源泉。

　　最後，我由衷期望這本書能成為您在資料分析旅程中的得力夥伴。願您能透過這些案例更深刻地瞭解 Power BI 的應用方式，並成功應用於您的職業生涯中。

　　感謝您的關注與陪伴，祝願您在閱讀中得到滿足。

金融研訓院客座講師 / 前金融產業資深數據分析師

鄭歆蕊 謹誌

目錄

找出數據關聯分析的計算好手 - Power Pivot

下載說明

本書範例檔請至以下碁峰網站下載

http://books.gotop.com.tw/download/ACD024100，其內容僅供合法持有本書的讀者使用，未經授權不得抄襲、轉載或任意散佈。

CHAPTER 1

人人都該會的
大數據利器
- Power BI

本章將介紹如何下載安裝 Power BI Desktop，並且開啟、註冊 Power BI 帳號的方式。而最重要的是關於構建 Power BI 的三大模組，依序為 Power Query（不用寫程式也能處理不規則數據）、Power Pivot（找出數據關聯分析的計算好手）以及 Power View（活用數據視覺化儀表板）。

Power BI 對於使用者的價值，就是符合資料分析四階段的工作流程，依序為「現況描述分析」➡「原因探索分析」➡「預測模型分析」➡「指示型分析」，就如同三大模組的順序一樣。

本章讓讀者能初步瞭解 Power BI Desktop 的下載安裝外，還能夠知道其產品系列架構，並進一步融入第二章至第四章的實務和實戰。

1.1 安裝與啟用 Power BI Desktop

Microsoft Power BI Desktop 是一個專為從事分析人員所設計的一套資料探索 / 商業智慧分析工具。若讀者曾有使用 Excel Power BI 經驗的話，Microsoft Power BI Desktop 其實保有原 Power Query、Power Pivot、Power View（涵蓋 Power Map）所有功能。

Power BI Desktop 更結合強大的互動式視覺效果，及搭配自訂視覺效果，還有首屈一指的內建資料查詢和資料模型功能。使用者能完成建立商業智慧報表 / 儀表板後，將其發行（部署）至 Power BI Service 上，隨時隨地提供他人即時資訊。

下載安裝 Power BI

- 下載來源及方式：可至 https://powerbi.microsoft.com/zh-tw/desktop/ ➡ 查看下載或語言選項 ➡ 選取「中文（繁體）」➡ 下載 ➡ 選擇取得 PBIDesktop_x64.exe ➡ 下載 ➡ 完畢後進行安裝（點選下一步至完成即可）。

- 或至 https://www.microsoft.com/zh-tw/download/details.aspx?id=58494 下載。

∧ 圖 1-1　選擇 Power BI Desktop

Power BI Desktop

Microsoft Power BI Desktop 專為分析師所設計。其結合了先進的互動式視覺效果,並內建領先業界的資料查詢與模型。建立報表,並將其發行至 Power BI。Power BI Desktop 讓您隨時隨地都能提供他人即時的關鍵剖析資料。

重要! 在下方選取語言,會動態地將整個頁面內容變更為該語言。

選取語言 | 中文 (繁體)   ∨ | **下載**

選擇您要的下載

☐ 檔案名稱	大小
☐ PBIDesktopSetup.exe	409.3 MB
☐ PBIDesktopSetup_x64.exe	457.1 MB

∧ **圖 1-2** 下載 Power BI Desktop 64 位元

Microsoft Power BI Desktop (x64) 安裝程式   — ☐ ✕

歡迎使用 Microsoft Power BI Desktop (x64) 安裝精靈

安裝精靈將在您的電腦上安裝 Microsoft Power BI Desktop (x64)。請按 [下一步] 繼續進行,或按 [取消] 結束安裝精靈。

Microsoft 會收集使用方式資料,藉以改進 Microsoft Power BI Desktop (x64)。 於此處閱讀線上隱私權聲明。

於此處了解如何退出收集。

■ Microsoft

| 上一步(B) | **下一步(N)** | 取消 |

∧ **圖 1-3** 安裝 Power BI Desktop

開啟 Power BI

完成安裝 Power BI Desktop 後，可以開啟它（圖 1-4）。

- 消除「啟動時顯示此畫面」畫面：開啟後會出現關於 Power BI Desktop 的捷徑訊息畫面（圖 1-5）。我們可以取消勾選「啟動時顯示此畫面」功能或直接按 X 關閉。

∧ **圖 1-4** 開啟 Power BI Desktop

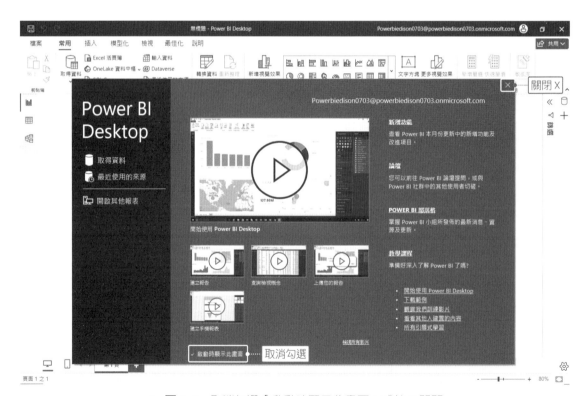

∧ **圖 1-5** 取消勾選「啟動時顯示此畫面」或按 X 關閉

△ 圖 1-6　Power BI Desktop 畫面

✂ 註冊 Power BI 帳號

選擇先註冊 Power BI 帳號的話（若沒有 Microsoft Office 帳號時），可透過公司或學校 email 進行註冊同時取得驗證碼，完成註冊動作方可完成登入（如圖 1-7 至 圖 1-8）。若讀者沒有公司或學校的話，可能自行搜尋註冊像是非 gmail、hotmail 或 yahoo 的帳號。

註冊取得 Power BI 帳號的好處：

- 可以發佈設計好的 Powre BI 報表檔案；升級成 Pro 試用版，能試用 Power BI Service 部分功能。

- 下載使用 Powre BI 市集上的自定義視覺效果檔案。

︿ 圖 1-7　註冊 Power BI 帳號（從「登入」至「輸入您的電子郵件地址」）

︿ 圖 1-8　註冊 Power BI 帳號（按照指示完成步驟 1 至步驟 3）

1.2 Power BI Desktop 三大模組

☝ Power BI Desktop 三大模組概述

Power BI Desktop 是 Power BI 服務中的其中一項工具，主要建構在 3 大模組工具上，分別是 Power Query、Power Pivot 及 Power View（Power Map 歸納為視覺效果裡）。

這套工具強調「用戶型分析」（每個人都可以自主作分析）和敏捷式工具特色，直覺式操作介面，大多只要透過滑鼠拖拉點選後，就能完成視覺化儀表板，使用門檻相對來說不高；一般經由設計，將靜態數據資料轉化成互動式動態圖表後，即可執行數據探索。

接下來章節，將搭配金融、零售等相關大數據範例資料並結合實務案例，依序介紹 Power Query、Power Pivot 及 Power View 等主要 3 大模組工具。

1. 數據工程（Data Engineer）- Power Query

- Power Query 是 Power BI 蒐集資料及清理資料的重要橋梁跟工具。利用取得不同異質資料來源的介接後，再使用編輯查詢器進行強大的清理作業。以便 Power Pivot 及 Power View 接手後續工作。

- 透過 Power Query 清理資料，可以不用寫程式，所有過程還會被記錄下來，中途有錯誤時，仍可折返除錯。

2. 資料建模（Data Modeling）- Power Pivot

- Power Pivot 是 Power BI 建立資料模型的核心。可利用關聯設定建立資料表之間的關係，以便進行資料分析作業。

- Power Pivot 同時也是支持資料計算的主要模組。像是新增資料行、量值欄位的四則運算及相關量值函數建立等，以利提供設計 Power View 儀表板上的彈性。

3. 資料視覺化（Data Visualization）- Power View

- Power View 是 Power BI 的視覺呈現核心。人是視覺化動物，透過視覺圖形呈現資料，可經由解讀之後很快產生洞察。

- Power View 在視覺效果模板（目前）提供至少 30 種圖表類型，且還在增加中。

- Power BI 市集裡面（Power BI visuals）更提供超過 200 個客製化視覺效果模板檔案，且大多數是免費。性質除了屬於一般商業智慧類型之外，也包含了大數據分析（部分須透過 R 語言或 Python 語言繪製設計）的視覺效果模板檔案。讓使用者對於自身掌握的資料源，搭配最適化的視覺效果來呈現，滿足不同需求，輔助決策者的判斷思維。

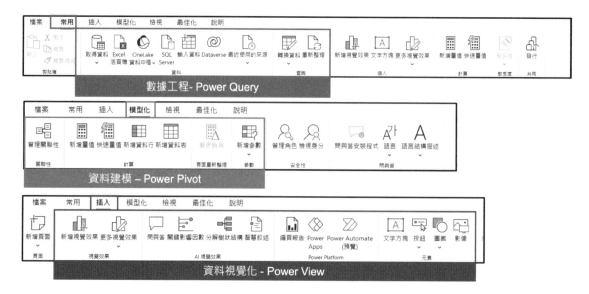

∧ **圖 1-9** Power BI 三大模組

▽ Power BI 產品系列

整個 Power BI 除了三大模組之外，我們來認識在 Power BI 產品系列中，有哪些服務及功能是值得使用。

- Power BI Service（web 版）：指的是雲端網頁版的 Power BI 工具，提供 Power Query 及 Power View。不過這裡 Power Query 沒有涵蓋資料清理功能。

- Power BI Pro：帳號具有 Pro 屬性，可變成內部儀表板被分享指定或指定的人，具有管控性質，以每位使用者計費。

- Power BI Premium：以 Power BI Pro 為基礎之下，若為大量使用者，建議為 Power BI Premium，主要以雲端計算和儲存體資源來計費。

- Power BI Mobile 版：透過行動 App 觀看被分享的人的內部報表。行動 APP 有 IOS、Android 及 Windows 等 3 種系統。

- Power BI Embedded：讓自己的 APP 服務使用 API 內嵌報表，讓使用 APP 的人都能看到內嵌報表。

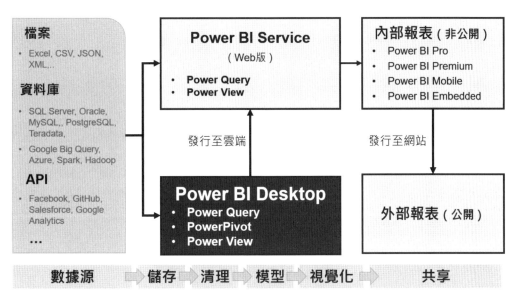

∧ 圖 1-10 Power BI 產品系列架構

比較 Power BI 與 Power BI Pro

Power BI Pro 除了提供和 Power BI 所有相同的功能之外。它包含更多的儲存容量、將資料重新整理設定頻率排程、具有完整互動性的即時資料來源、群組等。表 1-1 是兩者差異比較。

> 表 1-1　比較 Power BI 與 Power BI Pro（參考來源：https://powerbi.microsoft.com/zh-tw/）

功能	Power BI Desktop	Power BI Pro
免費與否	V	NT\$320.00 1 User ／ Month（可免費試用 Pro 版 60 天）
連接超過 90 個資料來源 **	V	V
可匯出至 PowerPoint、Excel、CSV	V	V
企業內部		
應用程式	X	V
電子郵件訂用帳戶	X	V
內嵌 API 和控制項	X	V
共用與共同作業		
應用程式工作區	X	V
在 Excel 和 Power BI Desktop 進行分析	X	V

註：詳細功能比較請以最新異動公布資訊為基準

1.3 Power BI 對使用者的價值

公司為什麼要製作大量的報表或 Dashboard（儀表板）呢？不外乎就是要讓經營管理者隨時能透過簡單明瞭的方式關注營運績效。本章節內容要介紹的是 Power BI 對於使用者端的幫助；首先，以往或現在仍然有許多人在上班的時候都是利用 Office 工具處理業務，採用 Excel 繪製圖表，目前 Excel 仍是執行簡易快速數據分析主要工具之一。

一般在資料分析的階段可以區分成 4 個，依序為「現況描述分析」 ➡ 「原因探索分析」 ➡ 「預測模型分析」 ➡ 「指示型分析」，如圖 1-11 所示。

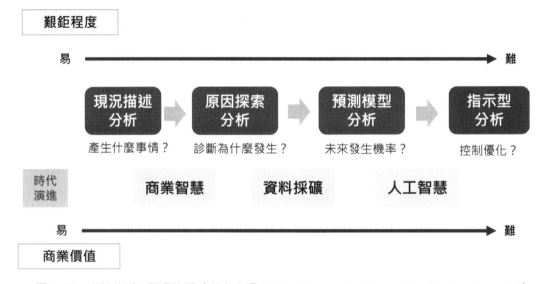

∧ 圖 1-11　資料分析 4 階段流程（參考來源：http://research.sinica.edu.tw/book-sale-data/）

資料分析過程中，最常使用的是前 2 個，其偏向簡單型數據分析方式，在這 2 個階段，Excel、Power BI 跟 Tableau 都是非常適合的工具；不過當資料量多的時候，Excel 在處理資料就會有限制（一張活頁簿只能處理 104 萬左右筆資料），且企業一般日常營運報表的產出要用它來達到完全自動化仍有些困難。

以目前來說的話，整個大數據分析甚至到人工智慧階段，其實都涵蓋資料分析 4 階段流程。因此要學好數據分析或大數據分析其實不會太困難，只是深入程度的不同；剛提到 Excel、Power BI 跟 Tableau 都是非常適合於前 2 個階段採用的工具，而進入大數據分析到人工智慧階段，Power BI 跟 Tableau 有些差異產生，對使用者來說也會有不同的選擇工具方式。

大致而言，在第 3 階段開始就會有連結大數據程式語言的功能產生，就會使用到像是資料庫語言、Python、R 語言、Spark 或 Hadoop 等分散式處理語言，此時就會有工具整合的部分需要考慮了。

一般大眾欲解決工作上 70% 的簡單型數據分析或製作報表問題，應該使用 Excel、Power BI 跟 Tableau 即可，但是要結合大數據分析或人工智慧等，就要思考上述提到的整合。現在視覺化分析工具都強調以自助式為出發點，過程都不用太艱深的操作技巧，符合直覺式、上手速度快和視覺化等特點。這 3 項工具的優點確實都符合上述特點，只是 Excel 跟 Power BI 的免費使用空間相較 Tableau 確實彈性較大；再來則是 Power BI 能跟 R 語言及 Python 進行相容，所以這 3 項工具 CP 值及學習成本都各所有不同。

再從早期的 Power BI 1.0（Excel Power BI）到目前的 Power BI 2.0（Power BI 解決方案），整個設計方式跟整合其他系統服務等的層次都有明顯提升，使用彈性和進入門檻對一般大眾來說不會太難，加上線上學習資源相當豐富，可以間接證明它在大數據分析領域裡（資料分析 4 階段）的 CP 值算是相當高，如圖 1-12 所示。

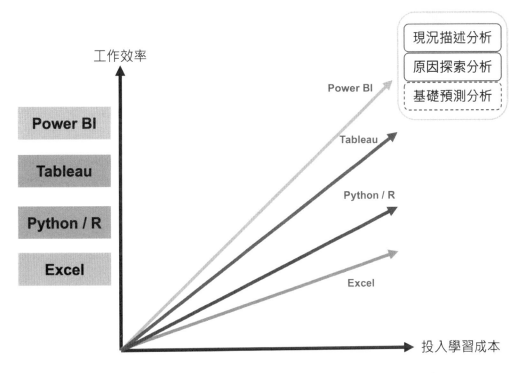

∧　圖 1-12　70%-80% 數據階段的工具投入比較（for 一般 User）

不用寫程式也能
處理不規則數據
- Power Query

本章將介紹 Power BI 的其中之一模組 Power Query。而 Power Query 到底是什麼呢？簡單來說，它就是可以用來處理非結構化數據的功能，重點是處理過程中可以不用寫程式，對想學大數據分析的一般大眾來說，是一個相當大的優勢，以下為 Power Query 特點：

1. 不會 Excel 函數也沒關係，還是能夠匯入不同屬性數據（例如財務、營運、行政和業務行銷等），並且進行不同屬性數據的彙整處理。

2. 處理常見出現的報表標頭以及頁尾的問題，只要透過它就能夠組合進行成為統計分析的表格。

3. 能夠快速地將非結構化原始數據轉換成結構化原始數據（Raw data）。

4. 將不同異質數據源（例如 Excel、CSV、JSON、XML、資料庫系統、Google 表單與可連接的應用系統 API 等）的上百張資料表彙整成單一資料表。

5. 相較傳統 Excel 樞紐分析表，它擁有更佳的資料處理效能。

本章節內容直接以案例方式為讀者說明 Power Query 模組，使用了常見的 Excel、CSV 與 XML 等數據格式，亦使用了信用卡公開數據、實價登錄等數據屬性。期望能以實務的角度，輔以實戰案例的形式來說明，讓讀者在閱讀此章節能將 Power Query 融入於實務中，從做中學。

2.1 【案例一】獲取 Excel、CSV、JSON、XML 等異質格式來源數據

範例檔：Ch2_範例_PB(Excel,CSV)、Ch2_範例_JSON_XML(JSON,XML)

連接存取 Excel 資料

Excel 對很多人來說是每天常用到的工具之一，它扮演相當重要的角色。因此在這個單元，筆者要介紹如何透過 Power BI Desktop 連接存取 Excel 資料。同時這也是許多人在進行資料分析時的習慣之一 ➡ 使用 BI 工具取得 Excel 或一般文字檔案資料 ➡ 樞紐分析或圖表分析呈現解讀。連接存取 Excel 資料步驟如下：

STEP01 啟動 Power BI Desktop ➡ 在 常用 之下，選擇 取得資料 ➡ 選擇 Excel 活頁簿 ➡ 選擇本書提供的範例檔案「Ch2_範例_Excel」➡ 開啟。

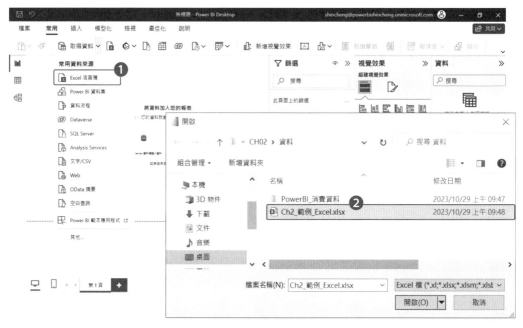

∧ 圖 2-1　選取資料步驟

STEP02 來到 導覽器，勾選範例檔案「Ch2_範例_Excel」裡的 9 張活頁簿資料 ➡ 勾選時，同時預覽資料內容 ➡ 在資料表「刷卡國別對照表」和「刷卡類別對照表」發現標頭出現錯誤，這時需要進行整理 ➡ 轉換資料。

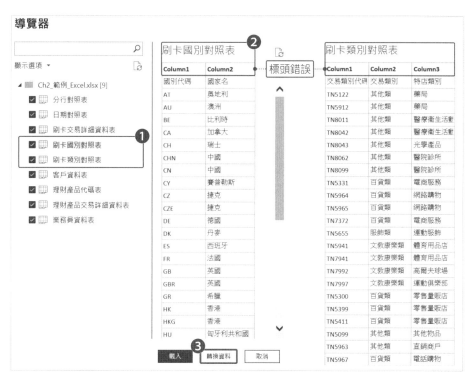

∧ 圖 2-2 資料預覽步驟

STEP 03 來到 Power Query 編輯器,分別在「刷卡國別對照表」和「刷卡類別對照表」中,使用 常用 之下的轉換 ➡ 點選「使用第一個資料列作為標頭」。

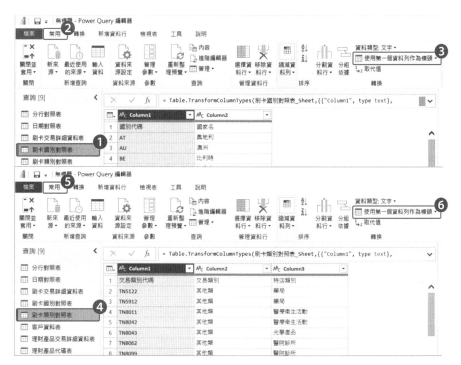

∧ 圖 2-3 資料轉換步驟

STEP04 完成「刷卡國別對照表」和「刷卡類別對照表」的標頭更正後 ➡ 點選左上角 **關閉並套用** ➡ 將更正的結果套用至 Power BI 正式環境區。

∧ **圖 2-4** 資料套用步驟

STEP05 點選左上角 **檔案** ➡ 另存新檔為「Ch2_ 範例 _PB」，可以發現副檔名為 「.pbix」。

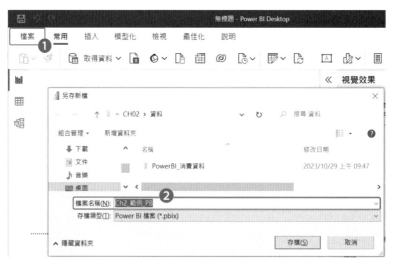

∧ **圖 2-5** 檔案儲存步驟

連接存取 CSV 資料

CSV（逗點分隔值）檔案常用來以純文字格式交換系統之間的表格式資料，是資料交換的常見選擇，因為各種不同的商業、消費者和科學應用程式均加以支援；另 CSV 格式的檔案可使用逗點以外的其他分隔符號，例如定位點或空格。

以下要介紹如何透過 Power BI Desktop 連接存取 CSV 資料。操作步驟如下：

STEP**01** 啟動 Power BI Desktop ➡ 在 常用 之下，選擇 取得資料 ➡ 選擇 文字 /CSV ➡ 選擇本書提供的範例檔案「Ch2_ 範例 _CSV」➡ 開啟。

∧ 圖 2-6 選取 CSV 資料步驟

STEP**02** 選擇相應 **檔案原點** 及 **分隔符號** ➡ 選取時，同時預覽資料內容，和 Excel 檔案
匯入步驟相同，若欄位類型或資料表標頭出現錯誤，則進行「轉換資料 ➡ 套用
變更」；若無 ➡ 載入。

∧ 圖 2-7　CSV 資料預覽步驟

連接存取 JSON 及 XML 資料源做資料表左右合併

如何使用 Power BI 存取 JSON 及 XML 資料源，並且進行資料表合併動作，同時也是
Power Query 的精神之一，**連接異質資料來源**。本案例將說明 JOSN 格式資料及 XML 格
式資料匯入 Power BI 操作步驟，過程中於 JOSN 資料中新增 3 碼郵遞區號欄位，而該欄
位資訊來自於 XML 資料。操作步驟如下：

STEP**01** 啟動 Power BI Desktop ➡ 在資料之下，選擇 **取得資料** ➡ 選擇 **檔案** 下的 JSON ➡ 然後按 **連接**。

∧ **圖 2-8** 選取 JSON 資料步驟

STEP**02** 選擇本書提供的範例檔案「Ch2_youbike_JSON」➡ 開啟。

∧ **圖 2-9** 選取 JSON 範例檔案

STEP03　自動啟用 Power Query 查詢編輯器 ➡ 在 轉換 標籤之下，點選 Record ➡ 點選 List。

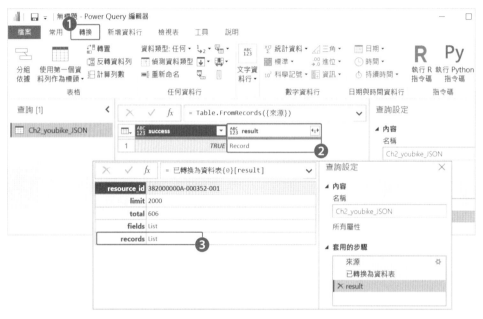

∧ 圖 2-10　JSON 資料轉換步驟

STEP04　來到 清單型式 ➡ 點選 到表格 ➡ 選取或輸入分隔符號 選 無 ➡ 確定。

∧ 圖 2-11　JSON 資料轉換步驟

STEP **05** 點選 Column1 旁的 **展開** 鍵標籤，勾選欲成為資料表標籤清單的欄位名稱；若取消勾選「使用原始資料行名稱做為前置詞」，就是把 Column1 前置詞做取消動作 ➡ **確定**。

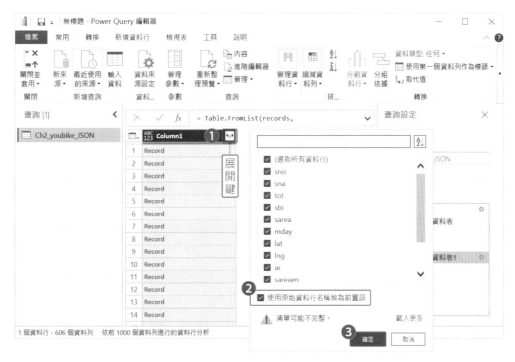

∧ **圖 2-12** JSON 資料欄位選取步驟

STEP **06** 完成將 JSON format 轉換成資料表的動作 ➡ 點選左上角 **關閉並套用** ➡ 將結果套用至 Power BI 正式環境區。

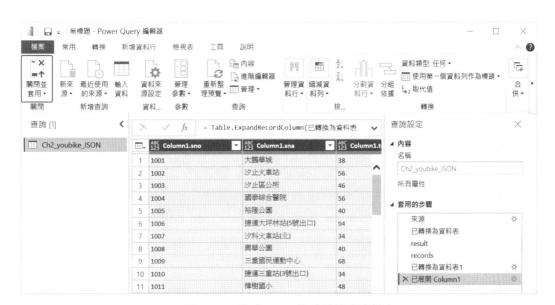

∧ **圖 2-13** 完成 JSON 格式轉換成資料表

STEP**07** 接著新增「3+2 碼郵遞區號_XML」檔案。選取 常用 – 常用資料來源 – 其他 ➡ 選擇 檔案 下的 XML。

∧ **圖 2-14** 選取 XML 資料步驟

STEP**08** 選擇本書提供的範例檔案「Ch2_3+2 碼郵遞區號_XML」 ➡ 開啟。

∧ **圖 2-15** 選取 XML 範例檔案

STEP **09** 在 **導覽器** 中選擇 row ➡ 轉換資料。

∧ 圖 2-16 XML 資料轉換步驟

STEP **10** 依序點選 Col1 至 Col5 的**雙箭頭圖示「展開鍵」**，展開所有欄位。

∧ 圖 2-17 XML 資料轉換步驟

STEP**11**　展開所有欄位後 ➡ 參照本書提供的「Ch2_3+2 碼郵遞區號 _XML 資料說明」 ➡
　　　　(1) 修正資料欄位名稱、(2) 刪除不必要的資料欄位。

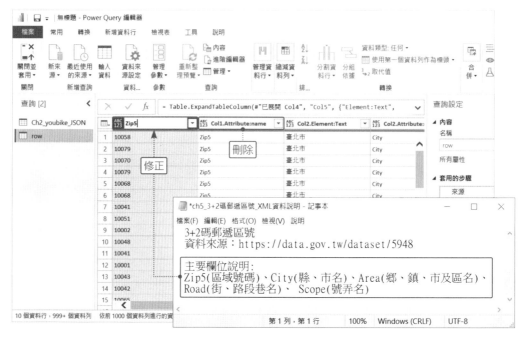

∧ 圖 2-18　XML 資料欄位整理

STEP**12**　為了方便管理查詢，可將查詢名稱修改為「Ch2_zip5_XML」（使用者可根據個
　　　　人需求進行管理）。

∧ 圖 2-19　查詢名稱修改

STEP**13** 為了後續於「Ch2_youbike_JSON」資料表新增 3 碼郵遞區號；先選取「Ch2_zip5_XML」的 Zip5 欄位 ➡ 轉換 – 分割資料行 – 依字元數 ➡ 設定 字元數 為 3、分割 為 最左邊一次。

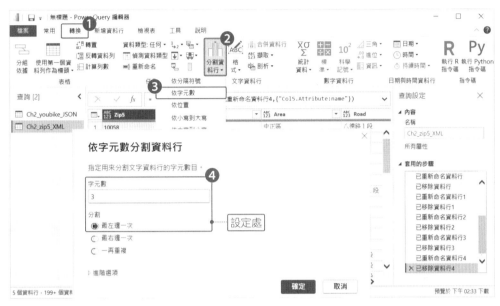

∧ **圖 2-20** 分割資料行操作

STEP**14** 此時會將原有 Zip5 欄位，切割為 3 碼郵遞區號 Zip5.1 及 2 碼 Zip5.2 ➡ 製作 3 碼郵遞區號 Zip5.1 和 Area（行政區）的查詢對照資料表，成為 3 碼郵遞區號對照表 ➡ 常用 ➡ 分組依據 ➡ 選擇 進階，群組選定 Zip5.1 及 Area，新資料行名稱改為 筆數。

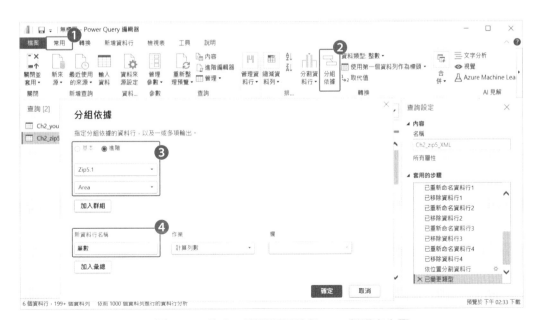

∧ **圖 2-21** 建立 3 碼郵遞區號與 Area 對照表步驟

STEP **15** 完成將 3 碼郵遞區號 Zip5.1 及 Area 欄位，群組成資料表 ➡ 後續可進行在「Ch2_youbike_JSON」資料表之下，新增對應的 3 碼郵遞區號。

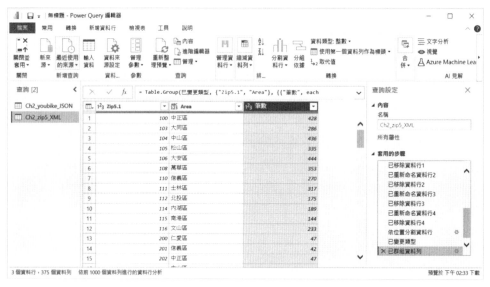

∧ **圖 2-22** 完成 3 碼郵遞區號對照表建立

STEP **16** 選取「Ch2_youbike_JSON」，點選 常用 ➡ 合併 ➡ 合併查詢 ➡ 合併設定：使用 Crtl 按住選取 Column1.sarea 及「Ch2_zip5_XML」之下的 Area ➡ 使用左方外部聯結種類 ➡ 確定。

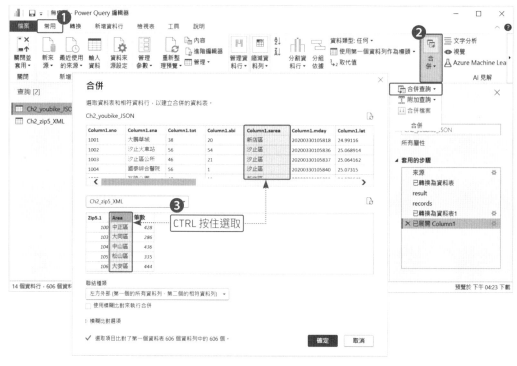

∧ **圖 2-23** 合併查詢設定步驟

STEP**17** 點選「展開鍵」 ➡ 勾選欲新增資料欄位 Zip5.1。

∧ **圖 2-24** 新增資料欄位步驟

STEP**18** 完成新增 3 碼郵遞區號 Zip5.1 資料欄位 ➡ 同時修正欄位名稱為郵遞區號。

∧ **圖 2-25** 資料欄位更名步驟

STEP **19** 點選左上角「關閉並套用」 ➡ 將更正的結果套用至 Power BI 正式環境區 ➡ 點選左上角 **檔案** ➡ **另存新檔**「Ch2_ 範例 _ JSON _XML」。

∧ **圖 2-26** 結果套用至 Power BI 正式環境區

2.2 【案例二】獲取 Web 等線上、Google 表單數據

範例檔：Ch2_ 範例 _Web、Ch2_ 範例 _Google 表單

存取網頁資料做資料表上下附加

本案例將介紹如何使用 Power BI 存取網頁資料並執行資料表上下合併動作。

這裡我們以網站－標準普爾 500 指數（S&P 500 Index）為例，倘若欲存取市場動態之下的 MSCI 指數（Price）資料時（如圖 2-27），如何藉由 Power BI 來執行？資料來源網址：http://www.stockq.org/market/msci.php

∧ 圖 2-27　為當下 MSCI 指數（Price）資料

解說步驟

STEP**01**　啟動 Power BI Desktop ➡ 在資料之下，選擇取得資料 ➡ 選擇 **其他** 下的 WEB ➡
然後按 **連接**。

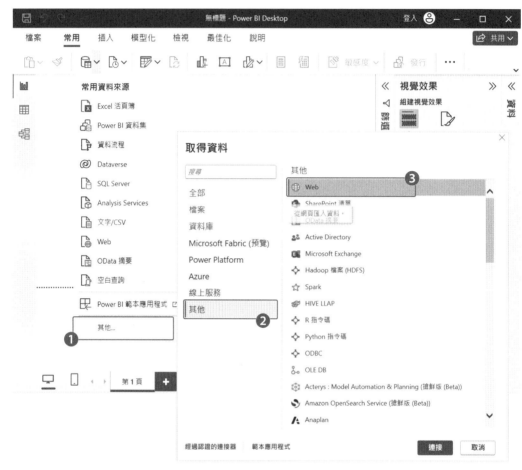

∧ **圖 2-28** 取得 Web 資料步驟

STEP**02**　接著在出現的對話方塊中鍵入**連結網址**，按 **確定**。

➡ 資料來源網址：http://www.stockq.org/market/msci.php

∧ **圖 2-29** 鍵入資料來源網址

^{STEP}**03** **導覽器** 中選取資料表，分別為「資料表 9、資料表 10、資料表 11」，完成後按 **轉換資料**。發現資料表 9、資料表 10、資料表 11 的**資料表標頭出現錯誤**，需要 進行整理。

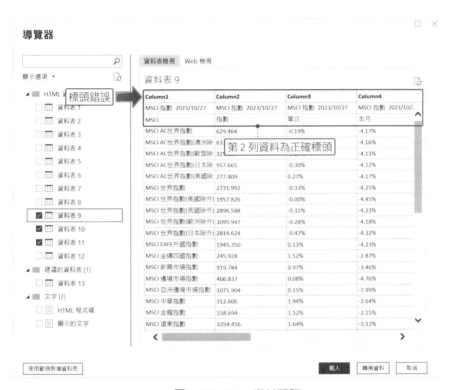

∧ 圖 2-30 Web 資料預覽

^{STEP}**04** 來到 Power Query 編輯器，分別個別修正「資料表 9、資料表 10、資料表 11」 的資料表標頭 ➡ 使用 **常用** 之下的轉換 ➡ 點選 2 次 **使用第一個資料列作為 標頭**。

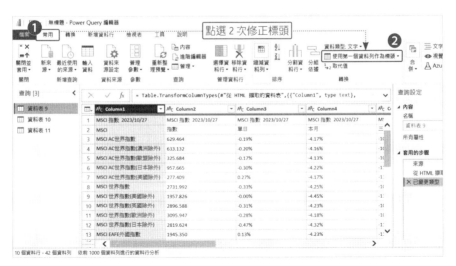

∧ 圖 2-31 Web 資料轉換步驟

STEP**05** 進一步把這 3 張資料表進行垂直合併 ➡ 點選「資料表 9」，以「資料表 9」為主資料表進行垂直合併作業 ➡ 點選 合併 之下的 附加查詢 ➡ 將查詢附加為新查詢 ➡ 選取 三（含）個以上的資料表，並將「資料表 10」與「資料表 11」新增至要附加的資料表中 ➡ 按 確定。

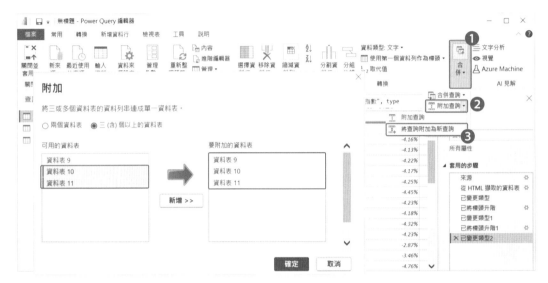

∧ **圖 2-32** 附加的資料表步驟

STEP**06** 此時就完成「資料表 9、資料表 10、資料表 11」的垂直合併作業 ➡ 此時將 查詢設定 中的 名稱 修改為「MSCI 指數 _Price」 ➡ 完成後點選左上角 關閉並套用 ➡ 將更正的結果套用至 Power BI 正式環境區。

∧ **圖 2-33** 結果套用至 Power BI 正式環境區

STEP**07** 點選左上角 檔案 ➡ 另存新檔 為「Ch2_ 範例 _Web」。

☝ Google 表單製作及表單數據存取

一般採用書面方式進行意見調查，常無法有效回收問卷，資料整理及數據統計亦相當耗時；目前運用 Google 雲端硬碟內建表單應用程式，即可以做出線上問卷調查，並自動整理出問卷相關數據，最後搭配 Power BI 取得問卷資料、執行數據分析任務。

本案例將介紹如何建立 Google 表單，並使用 Power BI 存取 google 表單資料。步驟如下：

STEP01 Google 表單建立。製作流程：登入 Google 帳號 ➡ 進入雲端硬碟 ➡ 新增 Google 表單 ➡ 表單命名（本案例：課程滿意度問卷）➡ 建立問卷問題。

∧ **圖 2-34** 製作 Google 表單

STEP**02** 傳送表單予作答者。表單編輯畫面完成問卷內容後，選按畫面右上角 **傳送 ➜** 選取傳送方式；目前提供 4 種方式，由左至右依序為：電子郵件、分享表單連結、Facebook 或 Twitter；下圖為利用分享表單連結，核選縮短網址可產生較短連結，按下複製連結再傳給作答者即可。

∧ **圖 2-35** 取得表單連結步驟

STEP**03** 開啟表單資料蒐集及建立試算表。至表單編輯畫面選按 **回覆** 標籤，開啟 **接受回應**，接著選按 **在試算表中查看**，於選取目標位置 核選 **建立新試算表**，並進行 **試算表命名**（詳圖 2-37 中：課程滿意度調查），再按 **建立** 會開啟 Google 試算表，可以看到目前已回覆問卷的相關數據。

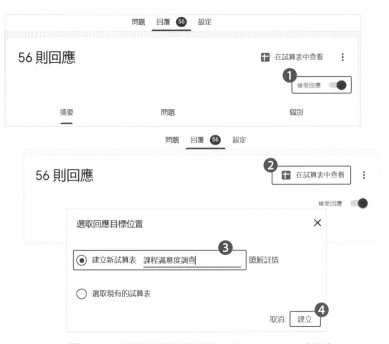

∧ **圖 2-36** 開啟表單資料蒐集及建立 Google 試算表

STEP 04 取得試算表路徑並編輯共用設定。登入 Google 帳號,進入雲端硬碟,找到上一步驟建立 Google 試算表,按 共用;於共用 課程滿意度調查 將一般存取權改為知道連結的任何人 ➡ 編輯者 ➡ 複製連結 即取得 Google 試算表路徑「https://docs.google.com/spreadsheets/d/1b_V3imdOPLhseYak1PEqKYUr3vExn93sNT7Q3KbDxAQ/edit?usp=sharing」➡ 完成。

∧ **圖 2-37** 取得試算表路徑並開啟共同

STEP 05 改寫試算表路徑。將上一步驟取得 Google 試算表路徑,針對下圖 2-38 框起的部分進行修改。

```
Ch2_改寫Google試算表路徑.txt - 記事本                      —  □  ×
檔案(F) 編輯(E) 格式(O) 檢視(V) 說明
原始:
https://docs.google.com/spreadsheets/d/1b_V3imdOPLhseYak1PEqKYUr3vExn93sNT7Q3KbDx
AQ/edit?usp=sharing

修改後
https://docs.google.com/spreadsheets/d/1b_V3imdOPLhseYak1PEqKYUr3vExn93sNT7Q3KbDx
AQ/export?format=xlsx
                                  第 5 列,第 103 行   40%   Windows (CRLF)   UTF-8
```

∧ **圖 2-38** 改寫試算表路徑

STEP **06** 取得試算表資料數據。在資料之下，選擇取得資料 ➡ 選擇 **其他** 下的 WEB ➡ 然後按 **連接**，接著在出現的對話方塊中 **鍵入連結網址**，按 **確定**。

➡ 資料來源網址：https://docs.google.com/spreadsheets/d/1b_V3imdOPLhseYak1PEqKYUr3vExn93sNT7Q3KbDxAQ/export?format=xlsx

∧ **圖 2-39** 取得試算表資料數據步驟

STEP**07** 導覽器中選取資料表「表單回應 1」，完成後檢視數據是否需要進行轉換；若是，即按 **轉換資料** 進行整理；若否，即按 **載入** 即完成試算表資料載入作業。

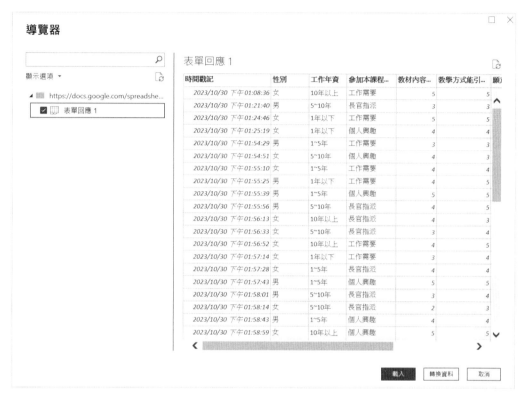

^ **圖 2-40** 完成試算表資料數據載入

STEP**08** 點選左上角 **檔案 ➜ 另存新檔** 為「Ch2_ 範例 _Google 表單」。

2.3 【案例三】處理公開資料 – 以實價登錄數據為例

範例檔：PowerBI 檔案_實價登錄 XML 格式 .pbix

🗹 實戰演練說明

☐ 實戰架構

本章節以實戰演練方式說明利用 Power Query 處理實價登錄資料的過程，圖 2-41 是本案例資料處理流程架構圖，後續則是步驟解說。

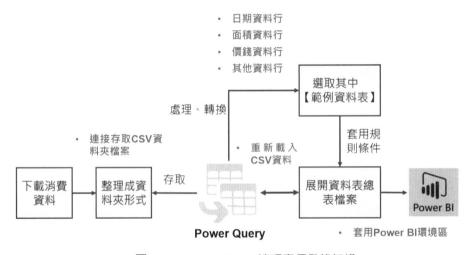

∧ 圖 2-41　Power Query 清理實價登錄架構

☐ 資料說明

筆者為利於讀者在取得資料的便利上，已先下載本書使用的範例檔案，檔名為「PowerBI_ 實價登錄 XML 格式」，下載完成後解壓縮。

資料來源為內政部不動產交易實價查詢服務網（https://lvr.land.moi.gov.tw/），下載範圍條件是 ① 108 年第 1 季至 112 年第 3 季；② 全國（含不動產買賣 + 預售屋買賣 + 不動產租賃）；③ 格式為 XML。如圖 2-42 所示。

解說　下載條件 ② 若採用進階下載，會受到每次僅只能下載 3 個檔案設定，增加下載動作操作次數，在此筆者先以上述步驟進行 108 年第 1 季至 112 年第 3 季資料下載，共 19 次 19 個壓縮檔；解壓縮後，僅保留不動產買賣資料為本案例資料（檔案名稱格式：英文字母 _lvr_land_a）。

解說　因要匯入的實價登錄資料檔案有許多份，為了效率方便匯入作業，建議可使用
資料夾做打包匯入（避免一個檔案一個檔案匯入）；因此先將 ① 檔案資料夾名
稱取名與下載範圍一致（例：108 年第 1 季即命名為 2019Q1），② 統一放在同
一個資料夾 (如本案例：PowerBI_ 實價登錄 XML 格式)，以便作業。

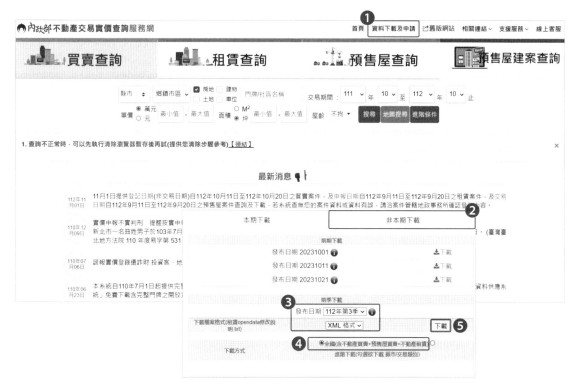

∧　**圖 2-42**　資料來源說明（內政部不動產交易實價查詢服務網）

連接存取 XML 資料夾檔案

以下我們來進行一系列的 Power Query 實戰案例解說，讓讀者能更清楚 Power Query。這其實跟我們平常執行資料分析前置作業雷同，從存取 XML 格式資料開始，步驟如下：

STEP**01**　啟動 Power BI Desktop ➡ 在外部資料之下，選擇 **取得資料** ➡ 選擇 **資料夾** ➡ 瀏覽 ➡ 選擇本書提供的範例檔案「PowerBI_ 實價登錄 XML 格式」 ➡ 瀏覽資料夾 - 確定 ➡ 資料夾 - 確定 ➡ **轉換資料** ➡ 來到 Power Query 編輯器環境。

∧ 圖 2-43　取得資料「資料夾」

∧ 圖 2-44 選擇範例檔案

D:\PowerBI_實價登錄XML格式

Content	Name	Extension	Date accessed	Date modified	Date created	Attributes	Folder Path
Binary	PowerBI_實價登錄XML格式 - 捷徑.lnk	.lnk	2023/11/2 下午 01:55:06	2023/11/2 下午 01:55:06	2023/11/2 下午 01:55:06	Record	D:\PowerBI_實價登錄XML格式\
Binary	a_lvr_land_a.xml	.xml	2023/10/31 下午 05:00:34	2023/7/14 上午 06:12:00	2023/10/31 下午 03:36:50	Record	D:\PowerBI_實價登錄XML格式\2019Q1\
Binary	b_lvr_land_a.xml	.xml	2023/10/31 下午 05:15:20	2023/7/14 上午 06:12:04	2023/10/31 下午 03:36:50	Record	D:\PowerBI_實價登錄XML格式\2019Q1\
Binary	c_lvr_land_a.xml	.xml	2023/10/31 下午 05:15:21	2023/7/14 上午 06:12:00	2023/10/31 下午 03:36:50	Record	D:\PowerBI_實價登錄XML格式\2019Q1\
Binary	d_lvr_land_a.xml	.xml	2023/10/31 下午 05:15:21	2023/7/14 上午 06:12:04	2023/10/31 下午 03:36:50	Record	D:\PowerBI_實價登錄XML格式\2019Q1\
Binary	e_lvr_land_a.xml	.xml	2023/10/31 下午 05:15:22	2023/7/14 上午 06:12:04	2023/10/31 下午 03:36:51	Record	D:\PowerBI_實價登錄XML格式\2019Q1\
Binary	f_lvr_land_a.xml	.xml	2023/10/31 下午 05:15:22	2023/7/14 上午 06:12:02	2023/10/31 下午 03:36:51	Record	D:\PowerBI_實價登錄XML格式\2019Q1\
Binary	g_lvr_land_a.xml	.xml	2023/10/31 下午 05:15:24	2023/7/14 上午 06:12:04	2023/10/31 下午 03:36:51	Record	D:\PowerBI_實價登錄XML格式\2019Q1\
Binary	h_lvr_land_a.xml	.xml	2023/10/31 下午 05:15:25	2023/7/14 上午 06:12:02	2023/10/31 下午 03:36:51	Record	D:\PowerBI_實價登錄XML格式\2019Q1\
Binary	i_lvr_land_a.xml	.xml	2023/10/31 下午 05:15:25	2023/7/14 上午 06:12:04	2023/10/31 下午 03:36:51	Record	D:\PowerBI_實價登錄XML格式\2019Q1\
Binary	j_lvr_land_a.xml	.xml	2023/10/31 下午 05:15:25	2023/7/14 上午 06:12:02	2023/10/31 下午 03:36:51	Record	D:\PowerBI_實價登錄XML格式\2019Q1\
Binary	k_lvr_land_a.xml	.xml	2023/10/31 下午 05:15:25	2023/7/14 上午 06:12:04	2023/10/31 下午 03:36:51	Record	D:\PowerBI_實價登錄XML格式\2019Q1\
Binary	m_lvr_land_a.xml	.xml	2023/10/31 下午 05:15:26	2023/7/14 上午 06:12:04	2023/10/31 下午 03:36:51	Record	D:\PowerBI_實價登錄XML格式\2019Q1\
Binary	n_lvr_land_a.xml	.xml	2023/10/31 下午 05:15:26	2023/7/14 上午 06:12:04	2023/10/31 下午 03:36:51	Record	D:\PowerBI_實價登錄XML格式\2019Q1\
Binary	o_lvr_land_a.xml	.xml	2023/10/31 下午 05:15:26	2023/7/14 上午 06:12:04	2023/10/31 下午 03:36:52	Record	D:\PowerBI_實價登錄XML格式\2019Q1\
Binary	p_lvr_land_a.xml	.xml	2023/10/31 下午 05:15:26	2023/7/14 上午 06:12:04	2023/10/31 下午 03:36:52	Record	D:\PowerBI_實價登錄XML格式\2019Q1\
Binary	q_lvr_land_a.xml	.xml	2023/10/31 下午 05:15:26	2023/7/14 上午 06:12:04	2023/10/31 下午 03:36:52	Record	D:\PowerBI_實價登錄XML格式\2019Q1\
Binary	t_lvr_land_a.xml	.xml	2023/10/31 下午 05:15:26	2023/7/14 上午 06:12:04	2023/10/31 下午 03:36:52	Record	D:\PowerBI_實價登錄XML格式\2019Q1\
Binary	u_lvr_land_a.xml	.xml	2023/10/31 下午 05:15:27	2023/7/14 上午 06:12:06	2023/10/31 下午 03:36:52	Record	D:\PowerBI_實價登錄XML格式\2019Q1\
Binary	v_lvr_land_a.xml	.xml	2023/10/31 下午 05:15:27	2023/7/14 上午 06:12:06	2023/10/31 下午 03:36:52	Record	D:\PowerBI_實價登錄XML格式\2019Q1\

ℹ️ 因為大小的限制，預覽中的資料已截斷。

合併　載入　轉換資料　取消

∧ 圖 2-45 選擇轉換資料

^{STEP}**02**　關鍵清理招式：【擷取字元】【取代值】。

擷取「Folder Path」欄位的最後 7 個字元 ➡ 轉換 – 文字資料行 – 擷取 ➡ 計數 設定為 7 ➡ 確定，會獲取 20XXQX/ ➡ 轉換 – 任何資料行 – 取代值 ➡ 取代 "\" 成空白 ➡ 將「Folder Path」欄位更名 為「年度季別」(滑鼠按壓 Folder Path 欄位 2 下，可執行更名)。

∧ **圖 2-46**　Folder Path 欄位資料處理 -1

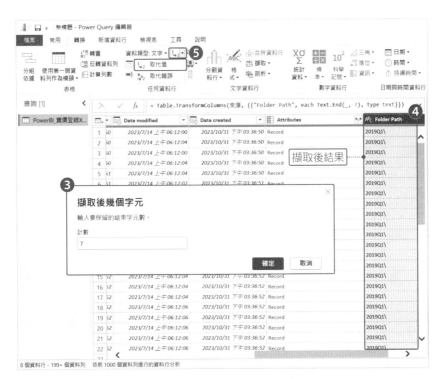

△ 圖 2-47 Folder Path 欄位資料處理 -2

△ 圖 2-48 完成 Folder Path 欄位資料處理並重新命名

解說 Folder Path 欄位的內容其實是實價登錄檔案位置的路徑,透過擷取字元以及取代,目的是為了後續將 XML 檔案進行合併的動作,因此需要利用 Power Query 編輯器進行資料清理動作。

STEP**03**　關鍵清理招式：【擷取字元】【取代值】。

擷取「Name」欄位的第 1 個字元 ➡ 文字資料行 - 轉換 - 擷取 ➡ 選取 前幾個字元 ➡ 計數 設定為 1 ➡ 確定，會獲取第一個字母 ➡ 將「Name」欄位更名 為「縣市代碼」(滑鼠按壓 Name 欄位 2 下，可執行更名)。

∧ 圖 2-49　Name 欄位資料處理 -1

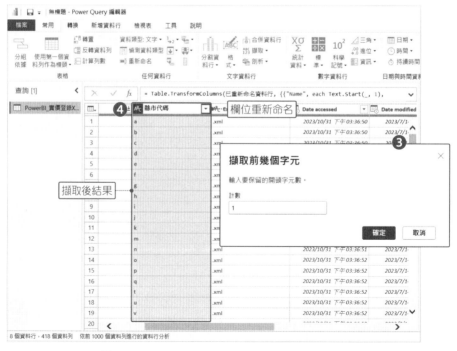

∧ 圖 2-50　完成 Name 欄位資料處理處理並重新命名

解說 Name 欄位更名為「縣市代碼」欄位名稱，目的是建立資料模型。目前的資料表其實是存取資料夾檔案的表格，因為我們是以存取資料夾方式來存取檔案，所以資料夾檔案表格的下一層就是真正的資料。以上只是針對資料夾檔案形式的表格進行資料處理動作。

STEP04 關鍵清理招式：【自動合併】。

選擇 Content 欄位 ➡ 點選 合併檔案 符號 ⬇，開啟合併檔案功能 ➡ 範例檔案：選取第一個檔案 ➡ 點選參數 買賣 ➡ 確定。

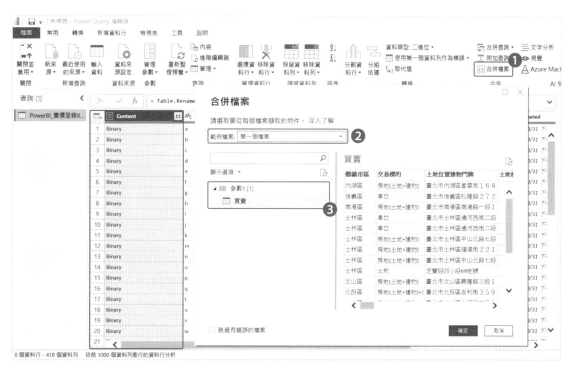

∧ **圖 2-51** 完成 Name 欄位資料處理處理並重新命名

解說 Content 欄位就是代表實際檔案的內容。以上的步驟就是透過 Power BI 自動合併功能將 Content 欄位內容的所有檔案進行合併。選取第一個檔案作為範例檔案是以第一個檔案作為資料清理的範例，而後續的資料檔案都會依循該方式進行資料清理，完成後會自動進行垂直合併。

STEP**05** 關鍵清理招式：【刪除套用步驟】【移除資料行】【展開資料表】。

在套用的步驟選擇將幾個步驟進行刪除，分別為 已變更類型、已展開資料表資料行1、已移除其他資料行1 ➡ 完成後，在 叫用自訂函數1 步驟裡，保留「縣市代碼」及「年季度」，移除不必要的欄位（按住 CTRL 選取），分別選取「Content」、「Extension」、「Date accessed」、「Date modified」、「Date created」「Attributes」 ➡ 移除資料行 ➡ 展開資料表 ➡ 確定。

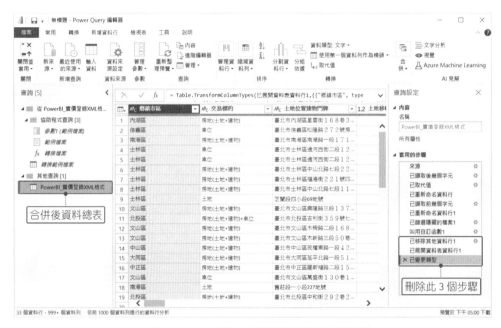

∧ 圖 2-52　套用的步驟選擇將幾個步驟刪除

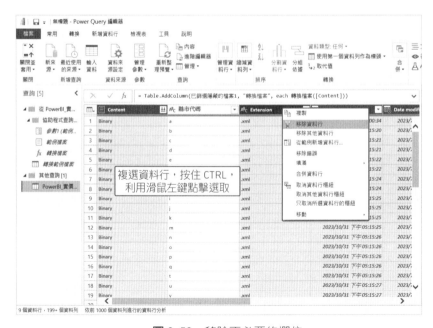

∧ 圖 2-53　移除不必要的欄位

△ 圖 2-54 展開資料表格

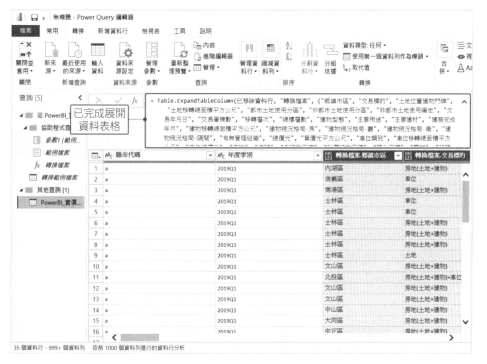

△ 圖 2-55 完成資料表格展開

解說 以上步驟目的是為了要展開所有的資料檔案，因此將步驟及資料行進行刪除動作。

STEP**06**　關鍵清理招式：【偵測資料類型】。

完成展開資料表格後，我們可以知道這些資料表格的內容是歸屬到哪一個縣市及哪一個年季度等其他的資料行欄位資訊。接下來 全選（CTRL+A）➡ 轉換 ➡ 偵測資料類型。

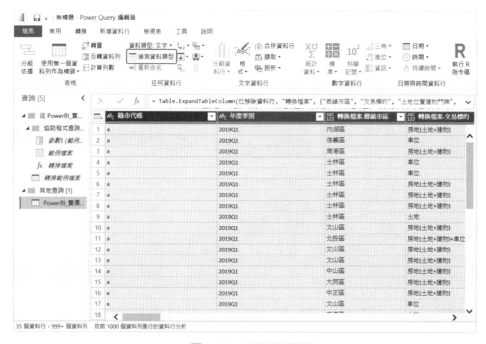

∧ **圖 2-56**　偵測資料類型

> **解說**　到目前為止，還尚未對真正實價登錄資料表進行處理動作，只是將資料表進行合併動作。而後續的步驟就是將針對實價登錄資料表進行資料處理動作。

⛾ 在轉換範例檔案執行 N 招資料清理方法 - 日期資料行

我們將先針對「日期資料行、面積資料行、價錢資料行與其他資料行」進行一連串的資料清理動作，如表 2-1。

Power Query 會以第一個檔案作為範例檔案來執行資料清理步驟。因此當完成想要進行的資料清理步驟之後，就必須再展開載入可能新增或調整的資料行內容，這樣才能夠把原本在範例檔案執行的資料清理步驟的條件規則套用至全部的資料表檔案中，如表 2-1。

> 圖 2-57　資料表檔案區說明

> 表 2-1　不同形式資料行的處理

類型	資料清理順序	原始形式	完成形式	可行的應用方式
		處理資料行名稱	修正資料行名稱	
日期資料行	1	建築完成年月	建築完成日	計算屋齡，用於篩選物件新舊，對照單價、總價，對應本身需求條件。
	2	交易年月日	交易日期	
	3		屋齡	
面積資料行	4	土地移轉總面積平方公尺	土地移轉坪數	轉換坪數，新增建物與車位的關係資料行。
	5	建物移轉面積平方公尺	建物移轉坪數（含車位）	
	6	車位移轉面積	車位移轉坪數	
	7		建物移轉坪數（不含車位）	
價錢資料行	8	總價元	總價（含車位）	釐清價格之間關係，新增總價及單價類型的判斷方式。用於對應需求預算與實際交易紀錄的對照。
	9	車位價格	車位總價	
	10		總價（不含車位）	
	11		單價（含車位）	
	12		單價（不含車位）	

類型	資料清理順序	原始形式	完成形式	可行的應用方式
		處理資料行名稱	修正資料行名稱	
其他資料行	13	建物移轉坪數 (不含車位)	建物移轉坪數 (不含車位) 分組	用於方便篩選。
	14	總價 (不含車位)	總價 (不含車位) 分組	
	15	單價 (不含車位)	單價 (不含車位) 分組	
	16	屋齡	屋齡分組	
	17	建物現況格局 - 房，建物現況格局 - 廳，建物現況格局 - 衛	建物現況格局	
	18		有無車位	

建築完成年月 ➡ 建築完成日

STEP**01**　關鍵清理招式：【擷取字元】【篩選】。

選擇「轉換範例檔案」➡ 選擇「建築完成年月」➡ 判斷資料行字元長度，新增資料行 ➡ 擷取 ➡ 長度 ➡ 移動「長度」資料行欄位至「建築完成年月」旁邊 ➡ 點選 篩選器 ➡ 點選 載入更多 ➡ 篩選長度等於 7 的資料內容。

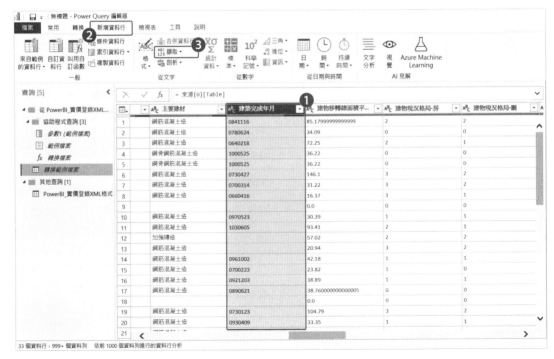

^ 圖 2-58　新增「長度」資料行欄位

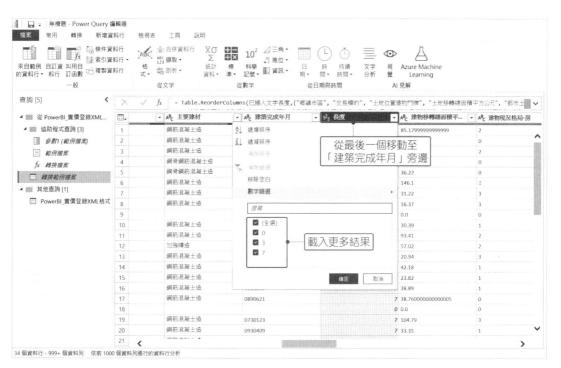

△ 圖 2-59 「長度」資料行欄位篩選 -1

△ 圖 2-60 「長度」資料行欄位篩選 -2

解說 對於「建築完成年月」的處理，主要是要把正確的建築完成年月篩選過濾出來，以符合後續分析的正確性。從一開始檢查字元長度，發現有資料不完整筆數，藉由數字篩選過濾，最後取長度 7 的資料結果。

STEP 02　關鍵清理招式：【運算】。偵測「建築完成年月」的資料類型為 整數 ➡ 再做加 19110000，轉換 ➡ 數字資料行 ➡ 標準 ➡ 加 ➡ 形成西元日期格式。

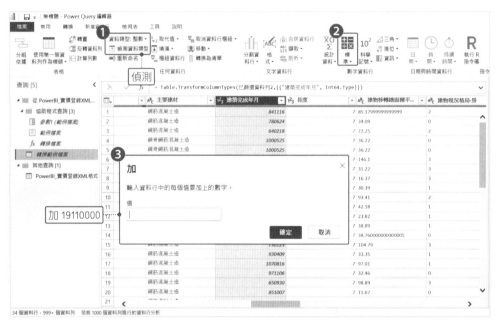

∧ 圖 2-61 「建築完成年月」資料行欄位轉換

∧ 圖 2-62 完成「建築完成年月」資料行欄位轉換

解說　把 建築完成年月 轉換成整數，且加 19110000 是民國日期格式和西元日期格式相差的關係。這樣也能夠進行資料行分割與合併，轉換成一般正確的西元日期格式（ex. 1999/10/10）。

STEP**03** 關鍵清理招式：【分割資料行】【偵測資料類型】。

分割「建築完成年月」➡ 轉換 ➡ 分割資料行 ➡ 依字元數，字元數 設定 4、分割方式 設定 一再重複 ➡ 確定；完成後，將上一步的 已變更類型 1 刪除，這是因為分割好的資料行會自動進行資料類型偵測，而偵測完成的資料類型會是整數型態，因此需進行刪除動作，維持 文字 資料類型 ➡ 分割完成會形成 2 個資料行，分別為「建築完成年月 .1」及「建築完成年月 .2」。

∧ 圖 2-63 「建築完成年月」資料行欄位分割 -1

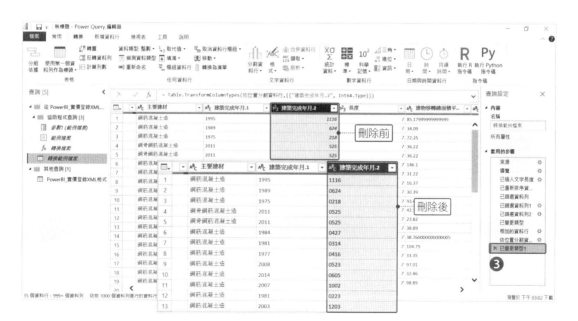

∧ 圖 2-64 「建築完成年月」資料行欄位分割 -2

STEP**04**　關鍵清理招式：【分割資料行】【偵測資料類型】。

分割「建築完成年月 .2」➡ 轉換 ➡ 分割資料行 ➡ 依字元數，字元數 設定 2、分割方式設定 一再重複 ➡ 確定；完成後，一樣將上一步的 已變更類型 1 刪除，維持 文字 資料類型 ➡ 分割完成會形成 2 個資料行，分別為「建築完成年月 2.1」及「建築完成年月 2.2」。

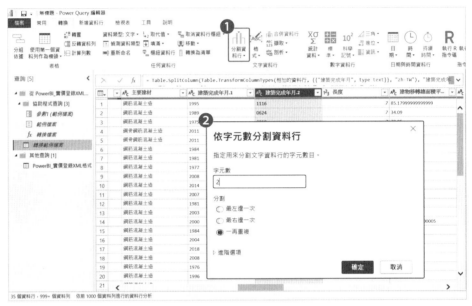

∧ 圖 2-65 「建築完成年月」資料行欄位分割 -3

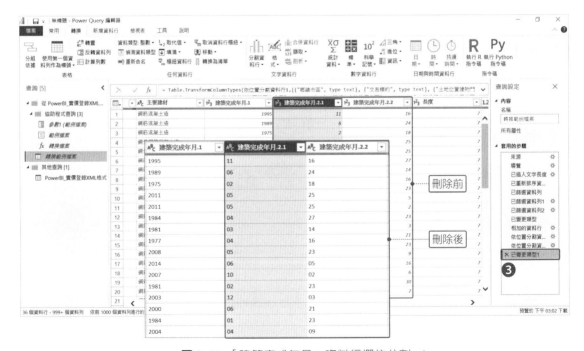

∧ 圖 2-66 「建築完成年月」資料行欄位分割 -4

STEP **05** 關鍵清理招式：【合併資料行】【偵測資料類型】。

合併「建築完成年月.1」、「建築完成年月2.1」及「建築完成年月2.2」，利用 CTRL 做複選選取 ➡ 轉換 ➡ 合併資料行，分隔符號設定"/"，新增資料行名稱為「建築完成日」➡ 確定 ➡ 偵測 其 資料類型 為 日期 ➡ 移除原擷取「建築完成年月」字元長度欄位 ➡ 完成。

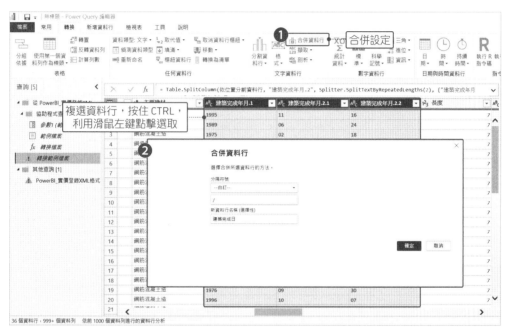

∧ 圖 2-67 完成「建築完成日」資料行欄位建立

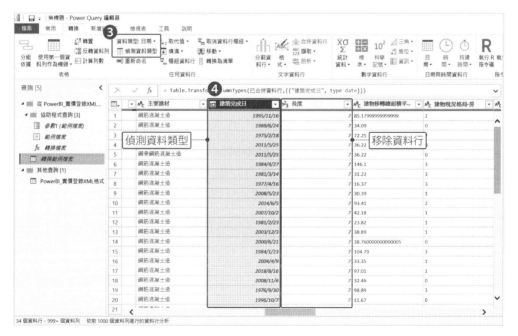

∧ 圖 2-68 「建築完成日」資料行欄位類型偵測及移除「長度」資料行欄位

解說 對於 日期資料行 轉換成 日期格式 的處理。一般可以透過擷取字元判斷、偵測資料類型、分割處理到合併資料行設定。過程經過特定變換，就可以完成資料清理處理動作。

STEP**06** 關鍵清理招式：【管理套用的步驟】。

我們可以在套用的步驟進行更名註記的動作，以便管理資料處理過程紀錄 ➡ 從完成處裡「建築完成日」的步驟開始（已插入文字長度 開始） ➡ 利用 滑鼠右鍵 ── 進行 重新命名 動作，在每一個套用的步驟前新增"**處理建築完成年月 _**"。

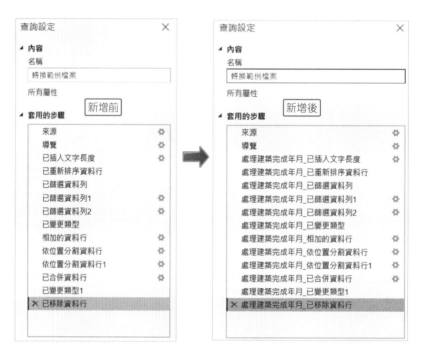

∧ 圖 2-69 　管理套用步驟

STEP**07** 關鍵清理招式：【移除錯誤】。

在 建築完成日 資料行之下，進行移除錯誤動作，因為多半大量資料內容中，很難預期還有其他可能需要作資料清理的部分，因此筆者建議可執行該動作，盡量確保資料內容正確性 ➡ 常用 – 縮減資料列 – 移除錯誤 ➡ 在套用的步驟中，最後利用滑鼠右鍵 重新命名 動作，新增"**處理建築完成年月 _**"。

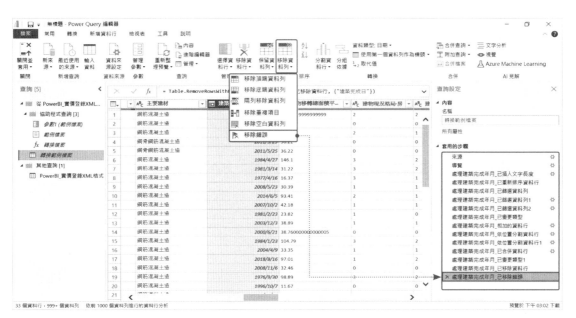

∧　圖 2-70　移除錯誤資料列步驟

📄 交易年月日 ➡ 交易日期

再來處理「交易年月日」，而資料清理步驟與上述「建築完成年月」雷同，以下筆者僅敘述步驟過程，省略操作步驟畫面。

STEP01 關鍵清理招式：【擷取字元】【篩選】。

選擇 轉換範例檔案 ➡ 選擇「交易年月日」 ➡ 判斷資料行字元長度，新增資料行 ➡ 擷取 ➡ 長度 ➡ 移動「長度」欄位至「交易年月日」旁邊 ➡ 點選 篩選器 ➡ 點選 載入更多 ➡ 篩選長度等於 7 的資料內容。

STEP02 關鍵清理招式：【運算】。

偵測「交易年月日」的資料類型為 整數 ➡ 再做加 19110000，數字資料行 ➡ 轉換 ➡ 標準 ➡ 加 ➡ 形成西元日期格式。

STEP03 關鍵清理招式：【分割資料行】【偵測資料類型】。

分割「交易年月日」 ➡ 文字資料行 ➡ 轉換 ➡ 分割資料行 ➡ 依字元數，字元數設定 4、分割方式設定一再重複 ➡ 確定；後，將上一步的 已變更類型 1 刪除，這是因為分割好的資料行會自動進行資料類型偵測，而偵測完成的資料類型會是整數型態，因此需進行刪除動作，維持 文字 資料類型 ➡ 分割完成會形成 2 個資料行，分別為「交易年月日.1」及「交易年月日.2」。

STEP**04** 關鍵清理招式：【分割資料行】【偵測資料類型】。

分割「交易年月日 .2」➡ 文字資料行 ➡ 轉換 ➡ 分割資料行 ➡ 依字元數，字元數設定 2、分割方式設定一再重複 ➡ 確定；完成後，一樣將上一步的 已變更類型 1 刪除，維持 文字 資料類型 ➡ 分割完成會形成 2 個資料行，分別為「交易年月日 2.1」及「交易年月日 2.2」。

STEP**05** 關鍵清理招式：【合併資料行】【偵測資料類型】。

合併 「交易年月日 .1」、「交易年月日 2.1」及「交易年月日 2.2」，利用 CTRL 做複選選取 ➡ 文字資料行 ➡ 轉換 ➡ 合併資料行，分隔符號設定 " / "，新增資料行名稱為「交易日期」➡ 確定 ➡ 偵測 其資料類型為 日期 ➡ 移除 原擷取「交易年月日」字元長度欄位 ➡ 完成。

STEP**06** 關鍵清理招式：【管理套用的步驟】。

同樣可以在套用的步驟進行更名註記的動作，以便管理資料處理過程紀錄 ➡ 從完成處裡交易年月日的步驟開始（已插入文字長度 開始）➡ 利用 滑鼠右鍵 一一進行 重新命名 動作，在每一個套用的步驟前新增 "處理交易年月日 _"。

STEP**07** 關鍵清理招式：【移除錯誤】。

在「交易日期」資料行之下，進行移除錯誤動作，因為多半大量資料內容中，很難預期還有其他可能需要作資料清理的部分，因此筆者建議可執行該動作，盡量確保資料內容正確性 ➡ 常用 ➡ 縮減資料列 ➡ 移除錯誤 ➡ 在套用的步驟中，最後利用滑鼠右鍵 重新命名 動作，新增 "處理交易年月日 _"。

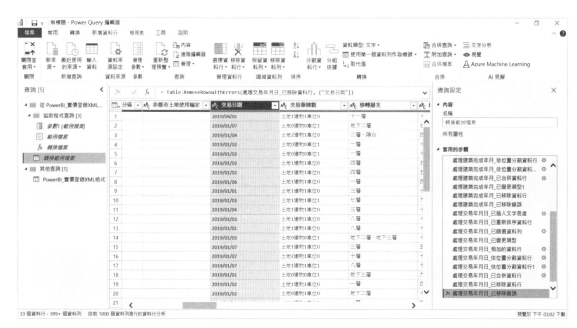

^ 圖 2-71　完成「交易日期」資料行欄位建立

📄 計算屋齡

再來 屋齡 的計算，屋齡計算公式：屋齡（年）＝（交易日期－建築完成日）／ 365。對應到 Power Query 的資料處理步驟，讀者可以參考以下。

STEP01 關鍵清理招式：【自訂資料行】【運算】【篩選】。

選擇 轉換範例檔案 ➜ 新增資料行 ➜ 自訂資料行－設定 ➜ 資料行名稱為「屋齡（年）」；自訂資料行公式 "＝[交易日期]-[建築完成日]"➜ 確定。

STEP02 偵測 資料類型為 小數 ➜ 再做 除 365 ➜ 篩選屋齡大於 0 的資料列 ➜ 完成 屋齡計算。

STEP03 最後利用滑鼠右鍵 重新命名 動作，新增 "處理屋齡（年）_"。

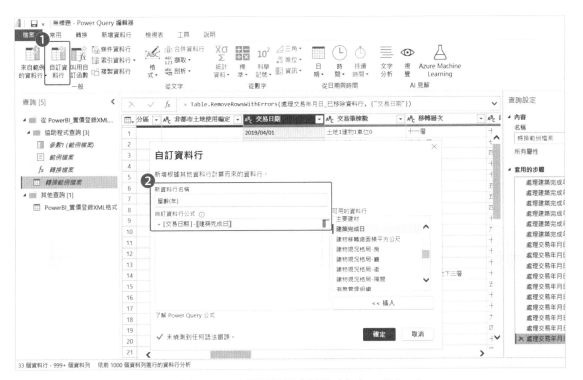

△ **圖 2-72** 自訂資料行「屋齡（年）」操作 -1

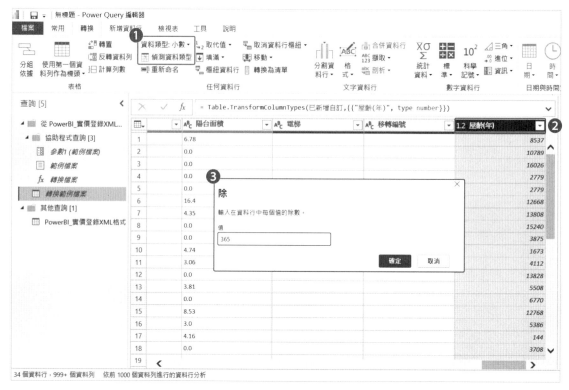

^ 圖 2-73　自訂資料行「屋齡（年）」操作 -2

篩選資料列

將一或多個篩選條件套用至此資料表中的資料列。

○ 基本　● 進階

將資料列保留在

及/或	欄	運算子	值	
	屋齡(年) ▾	大於 ▾	0 ▾	•••
且 ▾	屋齡(年) ▾	▾	輸入或選取值 ▾	

新增子句

確定　　取消

^ 圖 2-74　完成自訂資料行「屋齡（年）」新增

CHAPTER

2

△　**圖 2-75**　新增「屋齡（年）」資料行欄位的管理套用步驟

在轉換範例檔案執行 N 招資料清理方法 - 面積資料行

土地移轉總面積平方公尺 ➡ 土地移轉坪數

再來針對 **土地移轉總面積平方公尺** 做處理，將其轉換為 **土地移轉總坪數**，轉換計算公式：**土地移轉坪數 = 土地移轉總面積平方公尺 / 3.3058**（1 坪 = 3.3058 平方公尺）。對應到 Power Query 的資料處理步驟，讀者可以參考以下。

STEP**01**　關鍵清理招式：【偵測資料類型】【運算】。

選擇 轉換範例檔案 ➡ 選取「土地移轉總面積平方公尺」，偵測資料類型 為 小數 ➡ 再做除 3.3058；數字資料行 ➡ 轉換 ➡ 標準 ➡ 除。

STEP**02**　調整資料行名稱為「**土地移轉坪數**」 ➡ 完成「土地移轉總面積平方公尺」轉換「土地移轉坪數」。

STEP**03**　利用滑鼠右鍵 重新命名 動作，新增 **"處理土地移轉總面積平方公尺 _"**。

∧ 圖 2-76 「土地移轉坪數」資料行欄位運算

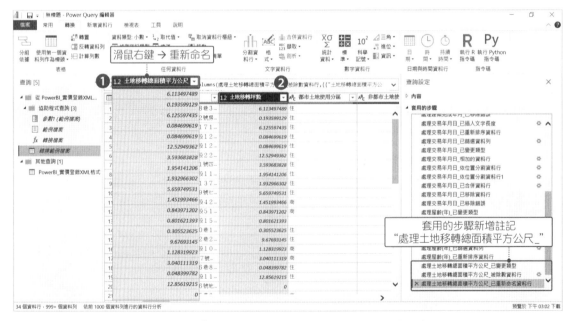

∧ 圖 2-77 「土地移轉坪數」資料行欄位的管理套用步驟

建物移轉總面積平方公尺 ➡ 建物移轉坪數（含車位）

再來對「建物移轉總面積平方公尺」做處理，將其轉換為「建物移轉坪數（含車位）」，原有的「建物移轉總面積平方公尺」其實是包括車位移轉總面積平方公尺，因此為區隔建物與車位之間的關係，才調整名稱為「建物移轉坪數（含車位）」。轉換計算公式：建物移轉坪數（含車位）= 建物移轉總面積平方公尺 / 3.3058（1 坪 = 3.3058 平方公尺）。其步驟與上述「土地移轉總面積平方公尺 ➡ 土地移轉坪數」雷同，以下筆者僅敘述步驟過程，省略操作步驟畫面。

STEP01 關鍵清理招式：【偵測資料類型】【運算】。

選擇 轉換範例檔案 ➡ 選取「建物移轉總面積平方公尺」，偵測資料類型 為 小數 ➡ 再做除 3.3058；數字資料行 ➡ 轉換 ➡ 標準 ➡ 除。

STEP02 調整資料行名稱為「**建物移轉坪數（含車位）**」 ➡ 完成「建物移轉總面積平方公尺」轉換「建物移轉坪數（含車位）」。

STEP03 利用滑鼠右鍵 重新命名 動作，新增 "**處理建物移轉總面積平方公尺 _**"。

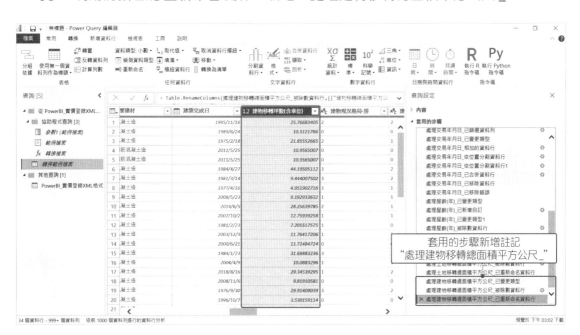

∧ 圖 2-78　完成「建物移轉坪數（含車位）」資料行欄位處理

📄 車位移轉總面積平方公尺 ➡ 車位移轉坪數

再來對「車位移轉總面積平方公尺」做處理，將其轉換為「車位移轉坪數」。轉換計算公式：車位移轉坪數 = 車位移轉總面積平方公尺 / 3.3058（1 坪 = 3.3058 平方公尺）。其步驟與上述「土地移轉總面積平方公尺 ➡ 土地移轉坪數」雷同，以下筆者僅敘述步驟過程，省略操作步驟畫面。

STEP**01** 關鍵清理招式：【偵測資料類型】【運算】。

選擇 轉換範例檔案 ➡ 選取「車位移轉總面積平方公尺」，偵測資料類型 為 小數 ➡ 再做除 3.3058；數字資料行 ➡ 轉換 ➡ 標準 ➡ 除。

STEP**02** 調整資料行名稱為「車位移轉坪數」➡ 完成「車位移轉總面積平方公尺」轉換「車位移轉坪數」。

STEP**03** 利用滑鼠右鍵 重新命名 動作，新增 "**處理車位移轉總面積平方公尺 _**"。

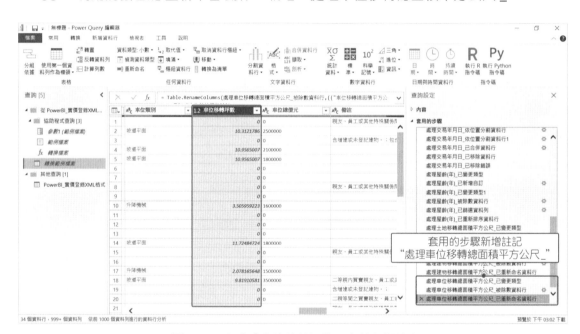

∧ 圖 2-79　完成「車位移轉坪數」資料行欄位處理

📝 計算建物移轉坪數（不含車位）

接著計算「建物移轉坪數（不含車位）」，這裡直接使用「建物移轉坪數（含車位）減去車位移轉坪數」。其步驟與上述 計算屋齡 步驟雷同，以下筆者僅敘述步驟過程，省略操作步驟畫面。

STEP01 關鍵清理招式：【自訂資料行】【偵測資料類型】【篩選】。

選擇 轉換範例檔案 ➡ 新增資料行 ➡ 自訂資料行 - 設定 ➡ 資料行名稱為「建物移轉坪數（不含車位）」；自訂資料行公式 "=[#" 建物移轉坪數（含車位)"]-[車位移轉坪數]" ➡ 確定。

STEP02 偵測資料類型 為 小數 ➡ 篩選建物移轉坪數（不含車位）大於 0 的資料列 ➡ 完成 計算「建物移轉坪數（不含車位）」。

STEP03 利用滑鼠右鍵 重新命名 動作，新增 **"處理建物移轉坪數（不含車位）_"**。

∧ **圖 2-80** 完成「建物移轉坪數（不含車位）」資料行欄位新增

在轉換範例檔案執行 N 招資料清理方法 - 價錢資料行

總價元 ➡ 總價（含車位）

再來對「總價元」做處理，將其轉換為「總價（含車位）」。其步驟與上述相關資料行轉換雷同，以下筆者僅敘述步驟過程，省略操作步驟畫面。

STEP01 關鍵清理招式：【偵測資料類型】。

選擇 轉換範例檔案 ➡ 選取「總價元」，偵測資料類型 為 整數 ➡ 調整資料行名稱為「總價（含車位）」➡ 完成。

車位總價元 ➡ 車位總價

再來對「車位總價元」做處理，將其轉換為「車位總價」。其步驟與上述相關資料行轉換雷同，以下筆者僅敘述步驟過程，省略操作步驟畫面。

STEP01 關鍵清理招式：【偵測資料類型】。

選擇 轉換範例檔案 ➡ 選取「車位總價元」，偵測資料類型 為 整數 ➡ 調整資料行名稱為「車位總價」➡ 完成。

計算總價（不含車位）

接著計算「總價（不含車位）」，這裡直接使用「總價（含車位）減去 車位總價」。其步驟與上述 計算屋齡 步驟雷同，以下筆者僅敘述步驟過程，省略操作步驟畫面。

STEP01 關鍵清理招式：【自訂資料行】【偵測資料類型】【篩選】。

選擇 轉換範例檔案 ➡ 新增資料行 ➡ 自訂資料行 - 設定 ➡ 資料行名稱為「總價（不含車位）」；自訂資料行公式 "=[#"總價（含車位)"]-[車位總價]" ➡ 確定。

STEP02 偵測資料類型 為 小數 ➡ 篩選總價（不含車位）大於 0 的資料列 ➡ 完成計算「總價（不含車位）」。

STEP03 最後利用滑鼠右鍵 重新命名 動作，新增"處理總價（不含車位）_"。

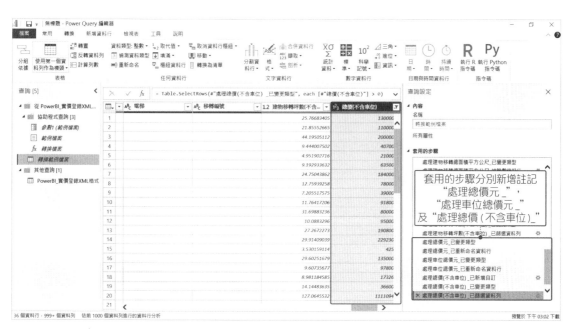

∧ 圖 2-81　完成「總價（不含車位）」資料行欄位新增

📄 計算單價（含車位）

再來「單價（含車位）」的計算，單價（含車位）的計算公式：單價（含車位）= 總價（含車位）/ 建物移轉坪數（含車位）。對應到 Power Query 的資料處理步驟，讀者可以參考以下。

STEP01　關鍵清理招式：【移除資料行】【自訂資料行】【偵測資料類型】【篩選】。

選擇 轉換範例檔案 ➡ 先移除資料行「單價元平方公尺」➡ 新增資料行 ➡ 自訂資料行 - 設定 ➡ 資料行名稱為「單價（含車位）」；自訂資料行公式 "= [#" 總價（含車位）"]/[#" 建物移轉坪數（含車位）"]" ➡ 確定。

STEP02　偵測資料類型 為 小數 ➡ 篩選「單價（含車位）」大於 0 的資料列 ➡ 完成「單價（含車位）」計算。

STEP03　最後利用滑鼠右鍵 重新命名 動作，新增 "處理單價（含車位）_"。

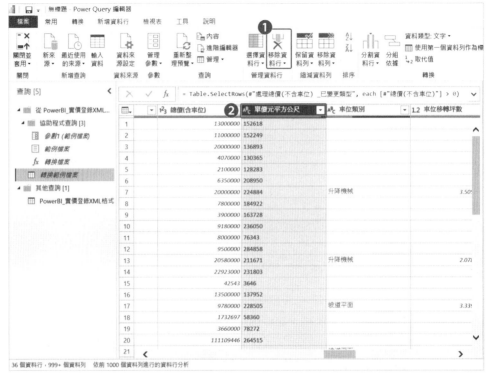

︿ 圖 2-82 「單價元平方公尺」資料行欄位移除

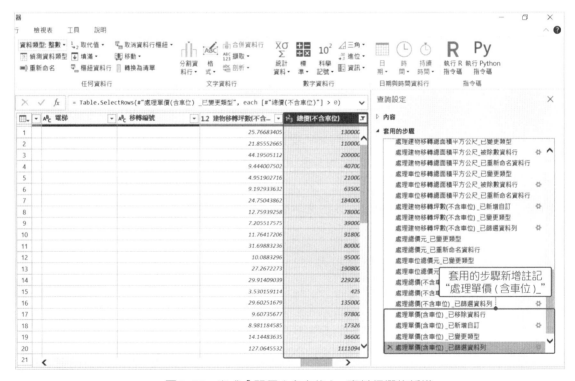

︿ 圖 2-83 完成「單價（含車位）」資料行欄位新增

計算單價 (不含車位)

再來「單價 (不含車位)」的計算，單價 (不含車位) 的計算公式：單價 (不含車位)=
總價 (不含車位) / 建物移轉坪數 (不含車位)。對應到 Power Query 的資料處理步驟，
讀者可以參考以下。以下筆者僅敘述步驟過程，省略操作步驟畫面。

STEP01 關鍵清理招式：【自訂資料行】【偵測資料類型】【篩選】。

選擇 轉換範例檔案 ➔ 新增資料行 ➔ 自訂資料行 - 設定 ➔ 資料行名稱為「單價
(不含車位)」；自訂資料行公式 "= [#" 總價 (不含車位)"]/[#" 建物移轉坪數
(不含車位)"]" ➔ 確定。

STEP02 偵測資料類型 為 小數 ➔ 篩選「單價 (不含車位)」大於 0 的資料列 ➔ 完成「單
價 (不含車位)」計算。

STEP03 最後利用滑鼠右鍵 重新命名 動作，新增 "處理單價 (不含車位)_"。

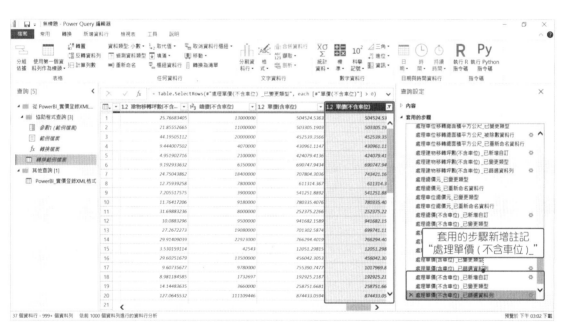

∧ 圖 2-84 完成「單價 (不含車位)」資料行欄位新增

在轉換範例檔案執行 N 招資料清理方法 - 其他資料行

計算建物移轉坪數 (不含車位) 分組

「建物移轉坪數 (不含車位)」分組 ，這裡我們參考幾個知名的房屋交易網，把分組的設定做歸納，分成為 10 坪 (含) 以下 , 10-20 坪 (含), 20-30 坪 (含), 30-40 坪 (含), 40-50 坪 (含), 50-60 坪 (含), 60-100 坪 (含) 和 100 坪以上。對應到 Power Query 的資料處理步驟，讀者可以參考以下。

STEP**01** 關鍵清理招式：【條件資料行】。

選擇 轉換範例檔案 ➡ 新增資料行 ➡ 條件資料行 - 設定 ➡ 資料行名稱為「建物移轉坪數 (不含車位) 分組」；設定內容 參考步驟說明圖 ➡ 確定。

STEP**02** 偵測資料類型 為 文字 ➡ 完成「建物移轉坪數 (不含車位)」分組計算。

STEP**03** 利用滑鼠右鍵 重新命名 動作，新增 "處理建物移轉坪數 (不含車位) 分組 _"。

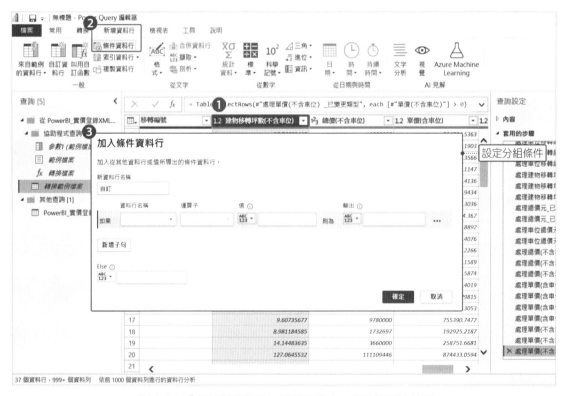

∧ 圖 2-85 「建物移轉坪數 (不含車位)」資料行欄位分組 -1

△ 圖 2-86 「建物移轉坪數（不含車位）」資料行欄位分組 -2

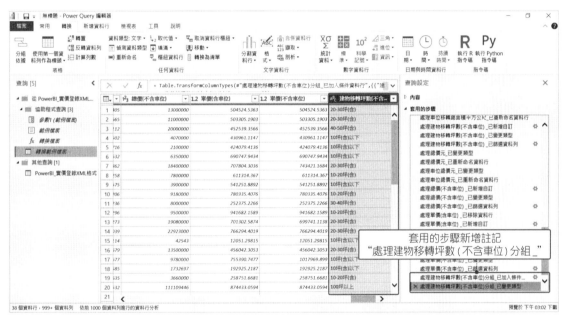

△ 圖 2-87 完成「建物移轉坪數（不含車位）」資料行欄位分組

計算總價（不含車位）分組

「總價（不含車位）」分組，同樣參考幾個知名的房屋交易網，把分組的設定做歸納，分成為 1,000 萬（含）以下, 1,000-1,500 萬（含）, 1,500-2,000 萬（含）, 2,000-2,500 萬（含）, 2,500-3,000 萬（含）, 3,000-4,000 萬（含）和 4,000 萬以上。對應到 Power Query 的資料處理步驟，讀者可以參考以下。筆者僅敘述步驟過程，省略操作步驟畫面。

STEP**01**　關鍵清理招式：【條件資料行】。

選擇 轉換範例檔案 ➡ 新增資料行 ➡ 條件資料行 – 設定 ➡ 資料行名稱為「總價（不含車位）分組」；設定內容 參考步驟說明圖 ➡ 確定。

STEP**02**　偵測資料類型 為 文字 ➡ 完成「總價（不含車位）分組」計算。

STEP**03**　最後利用滑鼠右鍵 重新命名 動作，新增 "處理總價（不含車位）分組 _"。

∧　圖 2-88　「總價（不含車位）」資料行欄位分組

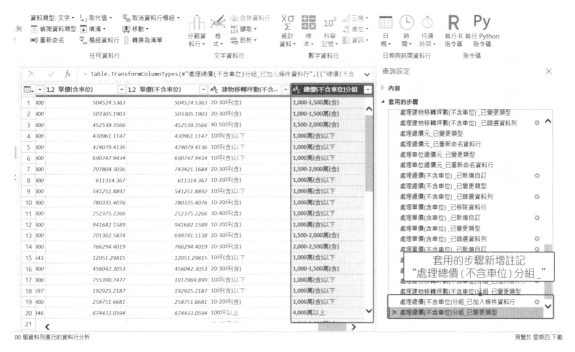

^ 圖 2-89 完成「總價（不含車位）」資料行欄位分組

📄 計算單價（不含車位）分組

「單價（不含車位）」分組，同樣參考幾個知名的房屋交易網，把分組的設定做歸納，分成為 20 萬（含）以下, 20-30 萬（含), 30-40 萬（含), 40-50 萬（含), 50-60 萬（含), 60-80 萬（含), 80-100 萬（含）和 100 萬以上。因為房屋交易若有含車位的話，就會有車位總價，因此單價的計算分組會以不含車位來做分組，這樣也會比較基準符合自己的需求。對應到 Power Query 的資料處理步驟，讀者可以參考以下。筆者僅敘述步驟過程，省略操作步驟畫面。

STEP**01** 關鍵清理招式：【條件資料行】。

選擇 轉換範例檔案 ➡ 新增資料行 ➡ 條件資料行 – 設定 ➡ 資料行名稱為「單價（不含車位）分組」；設定內容 參考步驟說明圖。

STEP**02** 偵測資料類型 為 文字 ➡ 完成「單價（不含車位）分組」計算。

STEP**03** 利用滑鼠右鍵 重新命名 動作，新增 "處理單價（不含車位）分組_"。

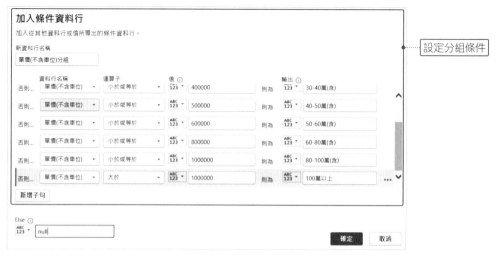

∧ 圖 2-90 「單價（不含車位）分組」資料行欄位分組

∧ 圖 2-91 完成「單價（不含車位）分組」資料行欄位分組

🗋 計算屋齡 (年) 分組

「屋齡」分組，同樣參考幾個知名的房屋交易網，把分組的設定做歸納，分成為 5 年 (含) 以下, 5-10(含) 年, 10-20(含) 年, 20-30(含) 年, 30-40(含) 年 和 40 年以上。對應到 Power Query 的資料處理步驟，讀者可以參考以下。筆者僅敘述步驟過程，省略操作步驟畫面。

STEP**01** 關鍵清理招式：【條件資料行】。

選擇 轉換範例檔案 ➡ 新增資料行 ➡ 條件資料行 - 設定 ➡ 資料行名稱為「屋齡
（年）分組」；設定內容 參考步驟說明圖。

STEP**02** 偵測資料類型 為 文字 ➡ 完成「屋齡（年）分組」計算。

STEP**03** 利用滑鼠右鍵 重新命名 動作，新增"**處理屋齡（年）分組_**"。

△ 圖 2-92 「屋齡（年）」資料行欄位分組

△ 圖 2-93 完成「屋齡（年）」資料行欄位分組

計算有無車位

這裡新增「有無車位」資料欄位，是我們在上述的資料過程新增建物與車位之間的相關資料行，因此為了正確檢視判斷資料的合理性，才新增有無車位的判斷。計算的判斷方式是以 車位總價 大於 0 之下 ➡ 判斷成 "有車位"，其他則為 "無車位"。對應到 Power Query 的資料處理步驟，讀者可以參考以下。筆者僅敘述步驟過程，省略操作步驟畫面。

STEP**01**　關鍵清理招式：【條件資料行】。

選擇 轉換範例檔案 ➡ 新增資料行 ➡ 條件資料行 - 設定 ➡ 資料行名稱為「有無車位」；設定內容 參考步驟說明圖。

STEP**02**　偵測資料類型 為 文字 ➡ 完成「有無車位」計算。

STEP**03**　最後利用滑鼠右鍵 重新命名 動作，新增 "**處理有無車位 _**"。

∧ 圖 2-94 「有無車位」資料行欄位分組

∧ 圖 2-95 完成「有無車位」資料行欄位分組

合併建物現況格局 - 房、廳、衛 ➡ 建物現況格局

再建立「建物現況格局」資料行，以便做更進階的需求篩選。我們從現有的「建物現況格局 - 房」、「建物現況格局 - 廳」、「建物現況格局 - 衛」合併建立。對應到 Power Query 的資料處理步驟，讀者可以參考以下。筆者僅敘述步驟過程，省略操作步驟畫面。

STEP01 關鍵清理招式：【自訂資料行】【M 語言】【偵測資料類型】。選擇 轉換範例檔案 ➡ 新增資料行 ➡ 自訂資料行 - 設定 ➡ 資料行名稱為「建物現況格局」；自訂資料行公式 "=[#" 建物現況格局 - 房 "]&" 房 "&[#" 建物現況格局 - 廳 "]&" 廳 "&[#" 建物現況格局 - 衛 "]" ➡ 確定。

STEP02 偵測資料類型 為 文字 ➡ 完成新增「建物現況格局」。

STEP03 利用滑鼠右鍵 重新命名 動作，新增 "處理建物現況格局 _"。

∧ 圖 2-96 「建物現況格局」資料行欄位新增步驟

∧ 圖 2-97 完成「建物現況格局」資料行欄位新增

重新載入 XML 資料及套用至 Power BI 環境區

以上資料處理步驟都是藉由 範例檔案（a_lvr_land_a） 做處理，而當所有的資料清理步驟都已完成時，就必須重新展開所有調整或新增的資料行，確保全部資料表檔案區能依循範例檔案的所有資料清理步驟。

接下來就說明如何把範例檔案的資料清理步驟結果條件展開至 全部資料表檔案區內（PowerBI_ 實價登錄 XML 格式）。步驟如下：

STEP01 選擇 PowerBI_ 實價登錄 XML 格式（全部資料表檔案）➡ 刪除套用的步驟最後 2 步，回到至 Table 展開區 ➡ 點選 展開鍵 ⏩，取消勾選 使用原始資料表名稱作為前置詞 ➡ 確定。

STEP02 全選（CTRL+A）➡ 轉換 ➡ 偵測資料類型，再執行一次資料類型的偵測。

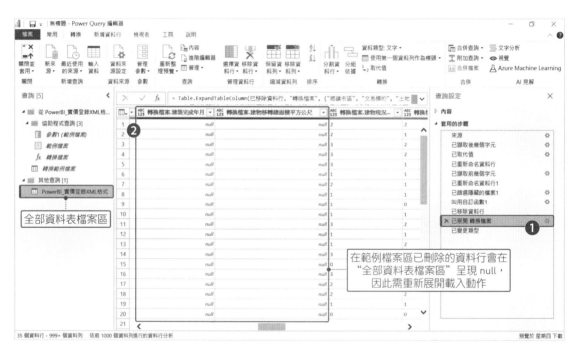

∧ 圖 2-98 「重新載入 XML 資料」-1

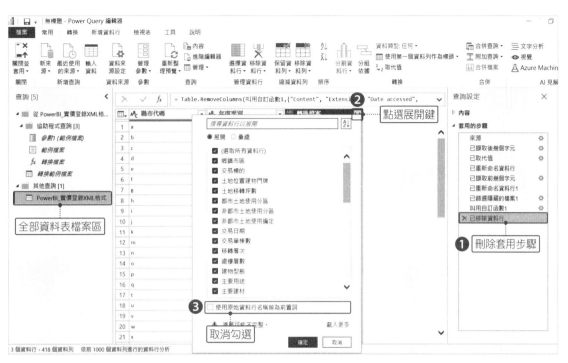

△ 圖 2-99 「重新載入 XML 資料」- 2

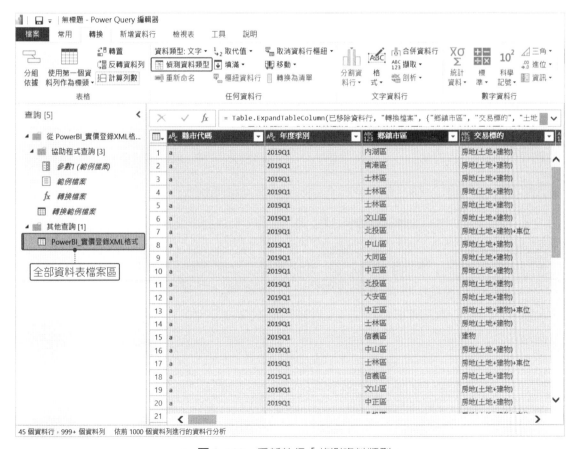

△ 圖 2-100 重新執行「偵測資料類型」

STEP**03** 關鍵清理招式：【篩選】。因為全部資料表檔案區的資料是最多最齊全，而我們只會用到跟房屋交易真正相關的資料來進行後續分析，接下來篩選房屋交易資料條件 ➡ 選取「交易筆棟數」，篩選 "土地 1 建物 1 車位 0" 和 "土地 1 建物 1 車位 1" ➡ 選取「主要用途」，篩選 "住家用" ➡ 選取「建物型態」，篩選 "住宅大樓 (11 層含以上有電梯)"、"公寓 (5 樓含以下無電梯)"、"套房 (1 房 1 廳 1 衛)"、"華廈 (10 層含以下有電梯)" 和 "透天厝"。

∧ 圖 2-101　篩選房屋交易資料條件

STEP**04** 將「編號」資料行 移至首欄 ➡ 請點選 關閉並套用 ➡ 關閉並套用 ➡ 將 Power Query 的資料清理結果載入至 Power BI 正式資料區。

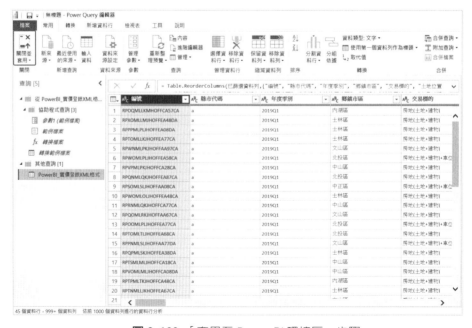

∧ 圖 2-102　「套用至 Power BI 環境區」步驟

△ 圖 2-103　完成「套用至 Power BI 環境區」

STEP**05**　匯入本書提供「**縣市維度對照表**」檔案（Excel 格式），匯入步驟請參考【**案例一**】連接存取 Excel 資料內容 ➡ 切換至 資料模型區 ➡ 完成建立 縣市代碼 對應關係 ➡ 儲存檔案名成為「**PowerBI 檔案_實價登錄 XML 格式**」➡ 可進行房地產相關分析。

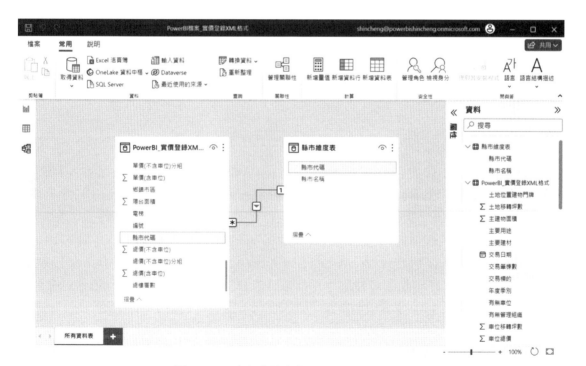

△ 圖 2-104　建立「縣市代碼」對應關係操作步驟

2.4 【案例四】處理公開資料 – 以信用卡公開消費數據為例

範例檔：PowerBI_ 信用卡消費資料 .pbix

實戰演練說明

實戰架構

本章節以實戰演練方式說明利用 Power Query 處理 聯合信用卡處理中心信用卡消費資料的過程，圖 2-105 是本案例資料處理流程架構圖，後續則是步驟解說。

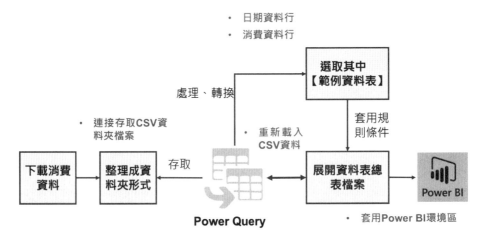

△ 圖 2-105　Power Query 清理信用卡消費資料架構

資料說明

筆者為利於讀者在取得資料的便利上，已先下載本書使用的範例檔案，檔名為「PowerBI_ 信用卡消費資料」，下載完成後解壓縮。

本書資料來源為：

聯合信用卡處理中心（https://www.nccc.com.tw/wps/wcm/connect/zh/home）➡ 我國信用卡消費資料，下載範圍條件是 ① 各年收入族群消費樣態；② 地區別依序選擇台北市，新北市，桃園市；③ 產業類別鎖定（食衣住行）四類。如圖 2-106 所示。

∧ 圖 2-106　資料來源說明（聯合信用卡處理中心）

🏷 連接存取 CSV 資料夾檔案

我們來進行一系列的 Power Query 實戰案例解說，讓讀者能更清楚 Power Query。這其實跟我們平常執行資料分析前置作業雷同，從存取 CSV 格式資料開始，步驟如下：

STEP01　啟動 Power BI Desktop ➡ 在外部資料之下，選擇取得資料 ➡ 選擇 **資料夾** ➡ 選擇本書提供的範例檔案「PowerBI_消費資料」➡ **確定** ➡ **轉換資料** ➡ 來到 Power Query 編輯器環境。

解說　在此筆者已先將下載好的消費資料進行微處理。要匯入的消費資料檔案有許多份，為了效率方便匯入作業。建議可使用資料夾做打包匯入（避免一個檔案一個檔案匯入，節省時效性）；因此先將① 檔案資料夾名稱取名與下載範圍一致，② 統一放在同一個資料夾，以便作業。

^ 圖 2-107 取得資料「資料夾」

^ 圖 2-108 選擇範例檔案

∧ **圖 2-109** 資料來源說明（聯合信用卡處理中心）

STEP02 關鍵清理招式：【擷取字元】【取代值】。擷取「Folder Path」欄位的最後 4 個字元 ➜ 文字資料行 ➜ 轉換 ➜ 擷取 ➜ 後 4 個字元 ➜ 確定，會獲取 XX 市 / ➜ 文字資料行 ➜ 轉換 ➜ 取代值 ➜ 取代 " \ " 成空白 ➜ 將「Folder Path」欄位 更名 為「區域」欄位名稱（滑鼠按壓 Folder Path 欄位 2 下，可執行更名）。

解說 Folder Path 欄位的內容其實是消費檔案位置的路徑，透過擷取字元以及取代，目的是為了後續將 CSV 檔案進行合併時，能利用路徑的名稱做成有意義的新欄位，因此需要利用 Power Query 編輯器進行資料清理動作。

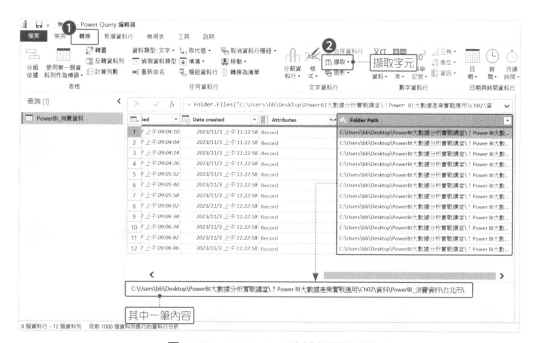

∧ **圖 2-110** Folder Path 資料行欄位處理 -1

∧ 圖 2-111　Folder Path 資料行欄位處理 - 2

∧ 圖 2-112　完成 Folder Path 資料行欄位處理及重新命名

STEP03 關鍵清理招式：【自動合併】。

我們選擇「Content」欄位 ➡ 點選 合併檔案 符號 |↓↓| ，開啟合併檔案功能 ➡ 範例檔案：選取第一個檔案 ➡ 點選檔案原點 UTF-8 ➡ 確定。

解說 Content 欄位就是代表實際檔案的內容。以上的步驟就是透過 Power BI 自動合併功能將「Content」欄位內容的所有檔案進行合併。選取第一個檔案作為範例檔案，是以第一個檔案作為資料清理的範例，而後續的資料檔案都會依循該方式進行資料清理，完成後會自動進行垂直合併。

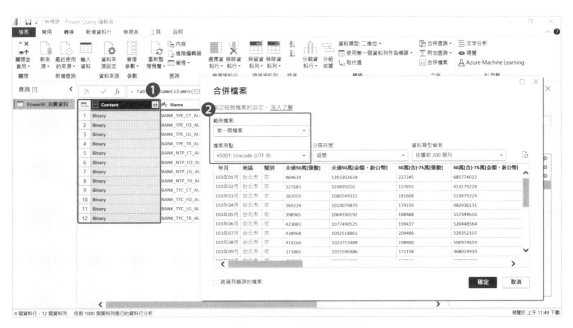

∧ **圖 2-113** 合併檔案步驟

STEP04 關鍵清理招式：【刪除套用步驟】【移除資料行】【展開資料表】。

我們在套用的步驟選擇將幾個步驟進行刪除，分別為「已變更類型」、「已展開資料表資料行 1」、「已移除其他資料行 1」 ➡ 完成後，在「叫用自訂函數 1」步驟裡，保留「縣市代碼」及「年季度」，移除不必要的欄位（按住 CTRL 選取），分別選取「Content」、「Extension」、「Date accessed」、「Date modified」、「Date created」「Attributes」 ➡ 移除資料行 ➡ 展開資料表 ➡ 確定。

解說 以上步驟目的是為了要展開所有的資料檔案，因此將步驟及資料行進行刪除動作。

△ 圖 2-114　完成檔案合併及刪除套用步驟

△ 圖 2-115　移除資料行步驟

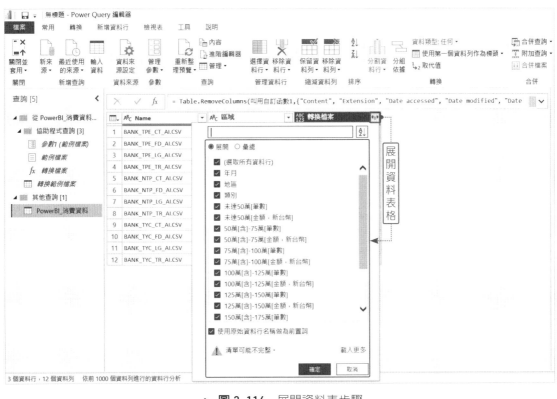

∧ 圖 2-116　展開資料表步驟

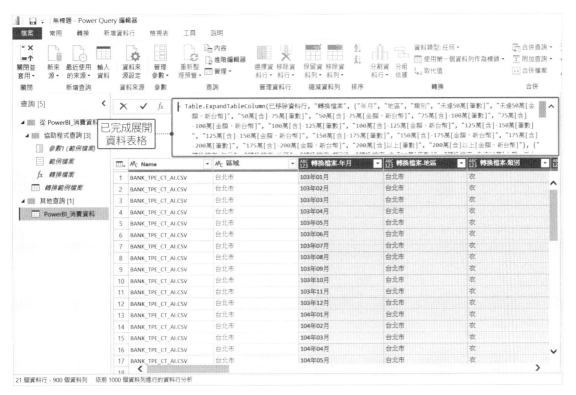

∧ 圖 2-117　完成資料表展開

STEP05 關鍵清理招式：【篩選資料行】。

從原本的檔案可以發現，匯入的每一張資料表都會有附註說明，因此在合併時會在中間佔據欄位，觀察可以發現後面的欄位都為空值，因此可以藉由地區欄位選擇移除空白來做資料清理。

STEP06 點選 地區資料行 右上角的下拉箭頭 ➡ 點選 移除空白。

∧ 圖 2-118　資料觀察

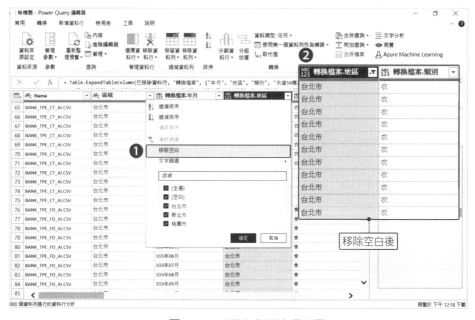

∧ 圖 2-119　初步資料清理步驟

STEP**07** 關鍵清理招式：【偵測資料類型】。

完成展開資料表格後，我們可以知道這些資料表格的內容是歸屬到哪一個區域及哪一種消費類別。接下來 全選（CTRL+A）➡ 轉換 ➡ 偵測資料類型。

解說 到目前為止，還尚未對真正消費資料表進行處理動作，只是將資料表進行合併動作。而後續的步驟就是將針對消費資料表進行資料處理動作。

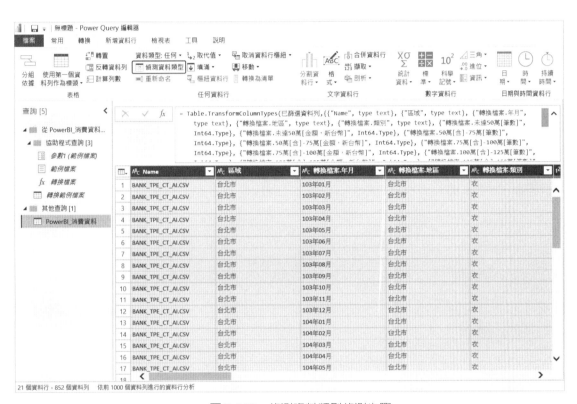

∧ 圖 2-120 偵測資料類型偵測步驟

在轉換範例檔案執行 N 招資料清理方法 - 日期資料行

年月型式 轉換為 日期處理練習。接下來我們將先針對「年月資料行」進行一連串的資料清理動作。

如果我們希望利用年月資料行產生日期格式的欄位，以利後續 Power Pivot 及 Power View 使用時間格式篩選之用。例如，原先的 103 年 01 月，產生對應 2014/01/01。操作步驟如下：

STEP01 關鍵清理招式：【複製資料行】。

實際資料是以年月為單位，為了練習將資料轉為日期資料行，複製原有資料行作為說明介紹。選擇 PowerBI_ 消費資料 ➡ 選擇 年月 ➡ 右鍵選擇複製資料行 ➡ 左鍵連點兩下複製後的新欄位名稱並更改為「日期處理練習」。

∧ 圖 2-121　複製資料行步驟

STEP02 關鍵清理招式：【分割資料行】【偵測資料類型】。

再來我們先將年份分割出來。 選擇日期處理練習 ➡ 分割資料行 - 依字元數，字元數設定 3，分割方式：最左邊一次 ➡ 確定；完成後，將上一步的 已變更類型 1 刪除，這是因為分割好的資料行會自動進行資料類型偵測，而偵測完成的資料類型會是整數型態，因此需進行刪除動作，維持 文字 資料類型 ➡ 分割完成會形成 2 個資料行，分別為「日期處理練習 .1」及「日期處理練習 .2」。

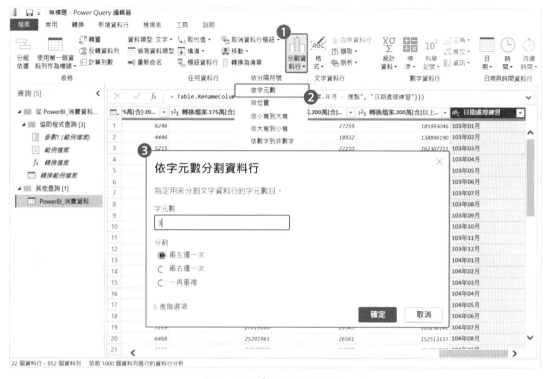

∧ 圖 2-122 「日期處理練習」-1

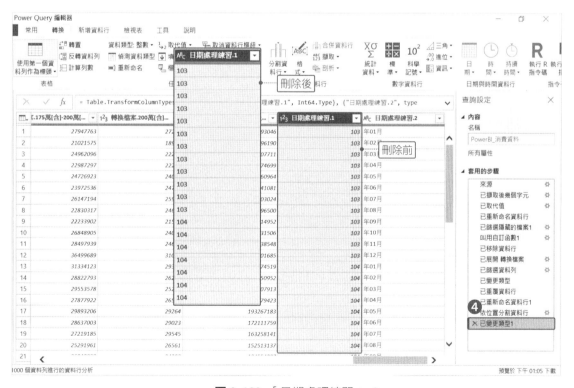

∧ 圖 2-123 「日期處理練習」-2

^{STEP}**03** 關鍵清理招式：【取代值】。由於分割後產生的「日期處理練習 .2」含有 年月中文字，而在日期格式中是以 " / " 來作區隔，因此透過取代功能來完成。選擇「日期處理練習 .2」➡ 取代值 ➡ 依序將「日期處理練習 .2」中的 年、月 取代為 " / "。

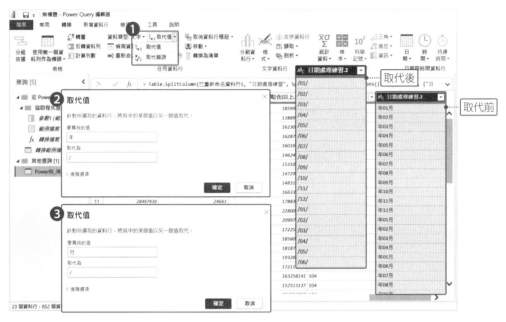

︿ 圖 2-124 「日期處理練習」-3

^{STEP}**04** 關鍵清理招式：【自訂資料行】。目前為止我們已經有了 年 跟 月 的資訊，接下來透過新的資料行來創建 日 的資訊。選擇 新增資料行 ➡ 自訂資料行 ➡ 新增「日期處理練習＿（天）」欄位，統一資料值為 " 01 "。

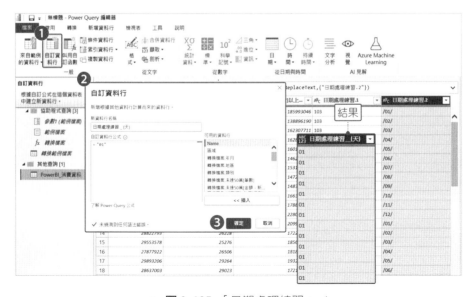

︿ 圖 2-125 「日期處理練習」-4

STEP **05** 關鍵清理招式：【運算】選擇「日期處理練習 .1」，偵測資料類型為 整數 ➡ 數字資料行 ➡ 轉換 ➡ 標準 ➡ 加 ➡ 加上 1911 ➡ 轉換「西元年」為文字類型。

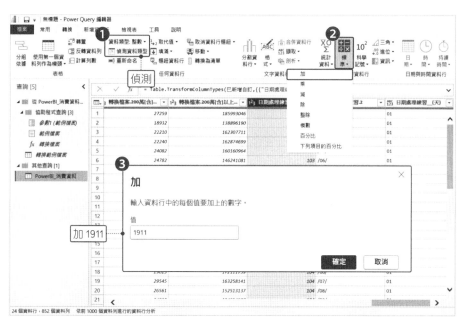

∧ 圖 2-126 「日期處理練習」-5

∧ 圖 2-127 「日期處理練習」-6

解說 把 日期處理練習 .1 轉換成整數，才能進行數值運算。加 1911 是為了將原本的民國年份轉為西元年份，符合日期格式的設定。

STEP**06** 關鍵清理招式：【合併資料行】【偵測資料類型】。目前為止「日期處理練習.1」、「日期處理練習.2」、「日期處理練習＿（天）」三個欄位分別代表（西元）年 / 月 / 日，合併在一起就能組出日期資訊。利用 CTRL 做複選選取 ➜ 轉換 ➜ 合併資料行 ➜ 分隔符號 無、新增資料行名稱為「日期處理練習 _final」 ➜ 確定 ➜ 偵測資料類型 為 日期。

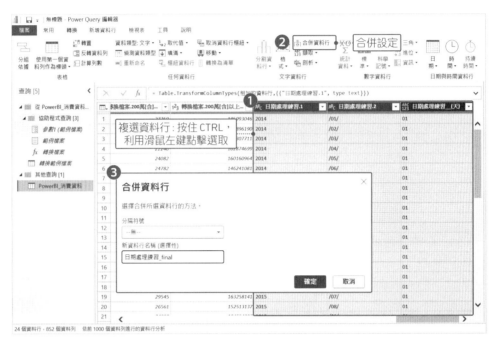

∧ 圖 2-128 「日期處理練習」-7

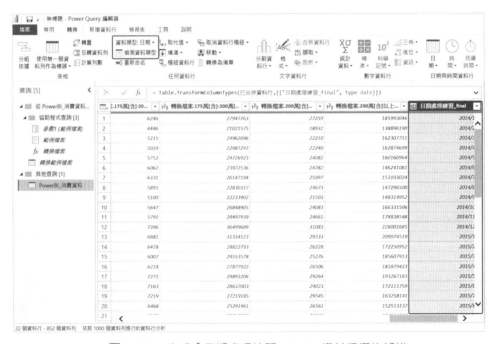

∧ 圖 2-129 完成「日期處理練習 _final」資料行欄位新增

解說　對於 日期相關資料行 轉換成 日期格式 的處理，一般可以透過擷取字元判斷、偵測資料類型、分割處理到合併資料行設定。過程經過特定變換，就可以完成資料清理處理動作。

☖ 在轉換範例檔案執行 N 招資料清理方法 - 消費資料行

除了日期處理，接下來我們進一步針對消費資料進行分組處理。

解說步驟

STEP**01**　關鍵清理招式：【自訂資料行】。

如果希望計算所有薪水客群的總消費筆數，我們可以透過新增資料行來加總。消費資料練習 ➡ 新增資料行 ➡ 自訂資料行 ➡ 輸入公式 ➡ 確定 ➡ 變更資料類型 為 整數。

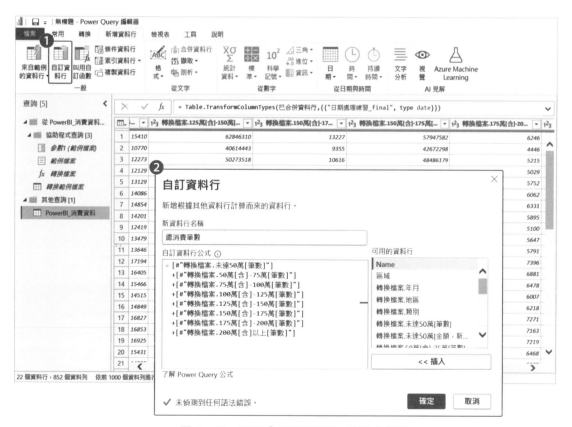

∧　圖 2-130　自訂「總消費筆數」資料行欄位

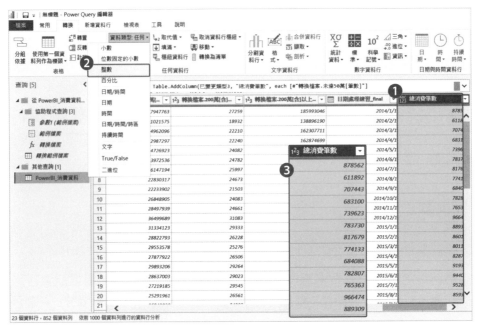

∧ 圖 2-131 「總消費筆數」資料類型變更

STEP02 關鍵清理招式：【取消資料行樞紐】。

接下來如果希望依薪水級距區分客群的消費筆數（上一步驟加總的 8 個欄位），轉換成「薪水級距」、「消費筆數」兩個欄位，我們可以一次選取相關欄位，並 取消資料行樞紐 （一筆資料橫向的八個欄位轉為直向八筆資料）。消費資料練習 ➡ 一次選取各薪水級距消費筆數（共 8 個欄位）➡ 點選 取消資料行樞紐 ➡ 重新命名欄位。

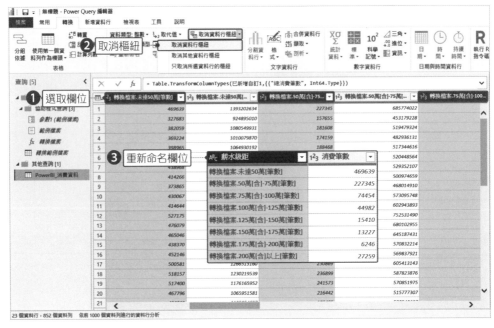

∧ 圖 2-132 「取消資料行樞紐」操作

STEP**03** 關鍵清理招式：【取代值】、【擷取】。

取消資料行樞紐後，新欄位「薪水級距」的內容含有其他資訊，因此可以透過清理保留主要資訊。以下分別介紹 2 種方式說明如何擷取出重點文字。

方法 1【取代值】

- 發現「薪水級距」欄位都有固定格式，前面多了 **轉換檔案** ，後面多了 **筆數** ，因此我們只要將前後的文字 **取代成空值** 即可。

- **消費資料練習** ➡ 選取「薪水級距」欄位 ➡ 取代值 ➡ 將 轉換檔案 取代為空值 ➡ 確定；重複步驟將 筆數 取代為 空值 ➡ 確定。

方法 2【擷取】

- 依據同樣的規律，可以先擷取「.」之後的文字，再擷取「[」之前的文字。需要注意的是「[」出現兩次，而我們要擷取的是第二個「[」之前的文字。

- **消費資料練習** ➡ 選取「薪水級距」欄位 ➡ 點選 轉換 ➡ 擷取－分隔符號後的文字 ➡ 擷取「.」以後的文字；重複步驟，點選 轉換 ➡ 擷取－分隔符號前的文字 ➡ 擷取「[」以前的文字，進階選項 掃描是否有分隔符號 選擇從輸入的結尾開始、要跳過的分隔符號項目 選擇 0 ➡ 確定。

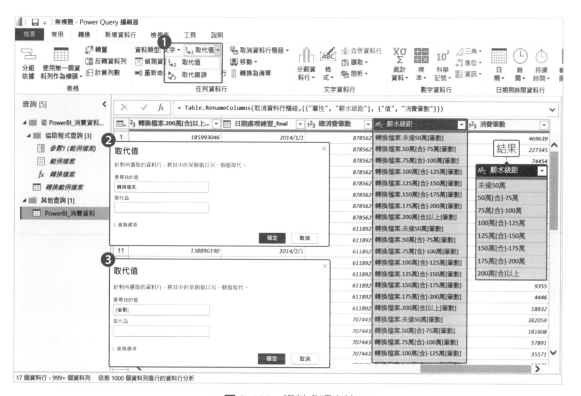

∧ 圖 2-133 資料處理方法 -1

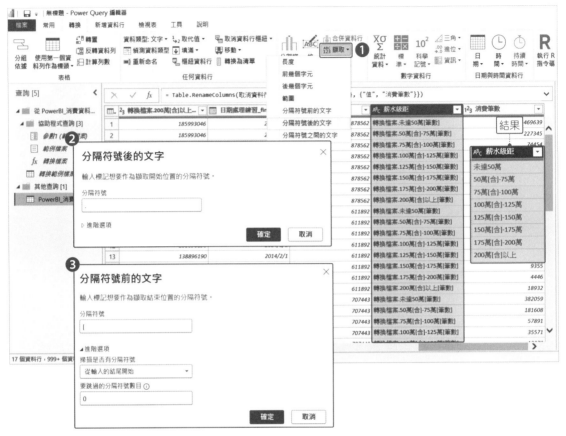

△ 圖 2-134　資料處理方法 -2

STEP**04**　關鍵清理招式：【自訂資料行】。

到目前為止，我們有「總消費筆數」，也有各「薪水級距」對應的「消費筆數」。若希望計算各薪水級距的消費筆數所佔的比例，可以透過新增資料行來計算該比例。

- **消費資料練習** ➡ 新增資料行 ➡ 自訂資料行 ➡ 輸入公式 ➡ 確定 ➡ 變更資料類型 為 百分比。

∧ 圖 2-135 自訂「佔總消費筆數的比例」資料行

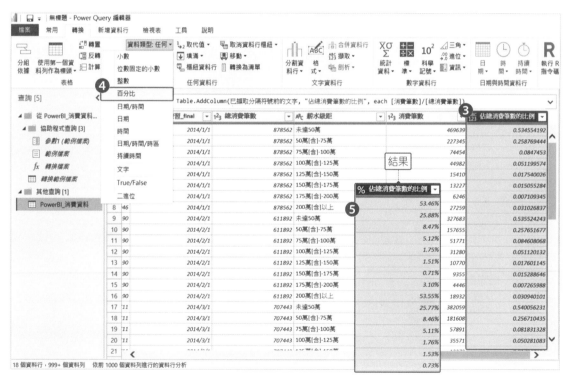

∧ 圖 2-136 變更「佔總消費筆數的比例」資料類型為百分比

2.5 【案例五】建構半自動化數據更新作業流程說明

到目前為止，我們可以發現 Power Query 的好處是每一個資料清理步驟，都會被記錄下來。別於以往，很多人在處理資料時大多都會使用 Excel 來進行資料處理，可是常常會遇到一個狀況就是處理的結果不如預期時，需要回溯至某一個步驟進行修改的話，可能需要透過回想來推測到底是在哪個環節出了問題。

在 Power Query 就不會有這個煩惱，因為 Power Query 在套用的步驟裡會記錄每一步執行動作，因此當使用者需要回溯至第幾步修改的話，就能直接回到欲修改的步驟進行調整。

再來這個章節要介紹的是藉由 Power Query 來達到半自動化作業的效果。舉例來說，若使用者手邊有固定頻率的分析報表工作，又不想麻煩公司的資訊單位或數據單位產出的話，其實是能透過 Power Query 進行重複作業產出結果的。如此一來，也能夠提高本身工作效率，降低其他單位的 Loading。

✍ Power Query 自動化流程設計管理

圖 2-137 是一個 Power Query 主要作業流程。以下筆者使用一個情境來說明，如何設計 Power Query 自動化作業及管理。

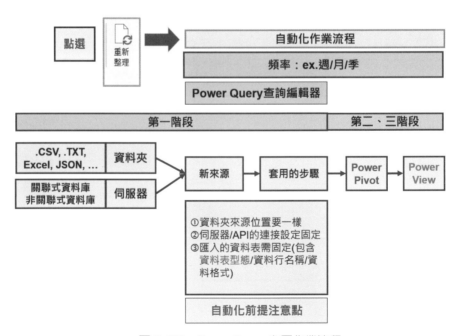

∧ 圖 2-137　Power Query 主要作業流程

情境說明

- **描述**：邦邦每週都會需要從 2 個資料來源抓取資料，進行資料清理，像是資料表合併、新增計算資料行、合併資料行以及分割資料行等作業。而這些都是每週需要執行的工作任務。

  其資料來源分別為：

  1. **資料夾的 Excel 檔案**，名稱為 A1。此檔案是由別的單位固定提供，每週只會新增上週以來的新增資料筆數，且是長表格型式。

  2. **關聯式資料庫的資料表**，名稱為 A2。此檔案是固定透過 Excel 連接至關聯式資料庫進行查詢存取。

- **問題**：因為每週一都需要利用全人工方式從這 2 個資料來源抓取資料表 A1 及 A2 後，再透過 Excel 進行交叉分析和繪製固定形式的圖表。因此需要作業的時間相當繁瑣冗長，有時候還會出現錯誤。另外加上邦邦對於程式語言不是很熟悉，也無法使用更進階方式來作業。

- **解決方式概述**：新來的同事看到邦邦每週一都會花費很多時間整理資料，且每個步驟都相當固定，進而使用 Power BI 工具協助邦邦建立設計半自動化作業方式，後來邦邦只要每週一開啟 Power BI 後點選執行重新整理，所有原來的資料清理作業以及圖表呈現，都會自動更新至當週狀態，大幅減少每週一的作業時間，且出現錯誤的頻率也大幅降低了。解決方式筆者這裡使用階段內容來描述。

解說步驟

STEP01 固定資料夾位置（置於電腦的哪個位置之下），不隨意更動。例如：D:\ PowerBI 在各產業應用 \ 縣市維度對照表 .xlsx。

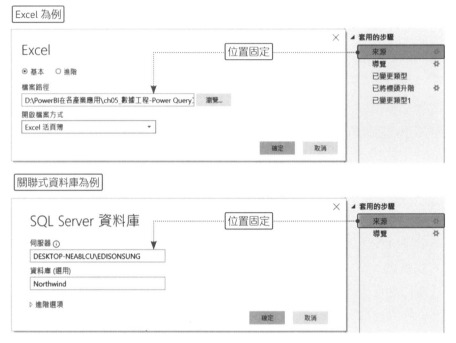

^ 圖 2-138　Power Query 異質資料來源處

STEP02 ① 固定資料格式內容，不隨意更動。② **使用長表格型態**。例如：新增資料行、刪除資料行或資料行名稱異動等，都會影響後續資料清理的過程，而導致錯誤訊息出現。

STEP03 ① 固定套用步驟紀錄，不隨意更動。② **做好套用步驟的管理命名**。此為資料清理過程紀錄，結果會受順序性影響；做好紀錄名稱管理，若有異動時，可幫助除錯效率。

遵循第一階段的作業之下，不輕易更動 Power Pivot 及 Power View 的設定作業內容。因此，一般使用者只要點選 **重新整理**，就可以透過 Power Query 或 Power BI 來達到半自動化作業處理；這些處理作業通常是固定內容和固定頻率。

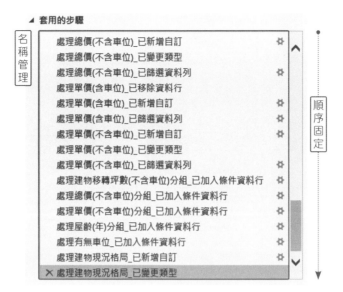

△ 圖 2-139　固定順序的資料處理

▽ 常見的 Power Query 作業錯誤訊息

一般來說，當完成設定 Power Query（半自動化）作業時。爾後如出現錯誤訊息，通常最常見的會是以下兩種：① 檔案位置異動；② 資料表內容異動。

☐ 路徑修改

若是因為檔案位置發生錯誤時，會出現以下訊息（找不到檔案）。通常這是最常見的錯誤訊息，也是使用者在一般作業時常會犯的錯誤（不經意將檔案位置異動，或將 Power BI 檔案（.pbix）移置新的位置而未考慮到來源位置的檔案是否能一起搬動）。

△ 圖 2-140　修正資料檔案路徑位置 - 編輯更正

📄 資料表異動

若是因為資料表內容問題的話，此時就必須詳細檢查資料表的格式、資料行數目、資料行名稱等是否有異動。另外，資料表擺放型態**務必使用長表格型式，新增資料也在長表格之下做新增**，才能降低因資料表內容問題的錯誤。

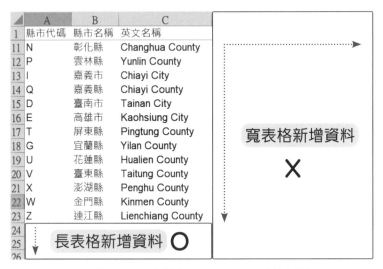

∧ **圖 2-141** 資料表異動說明 - 長表格新稱

CHAPTER 3

找出數據關聯分析
的計算好手
– Power Pivot

本章介紹 Power BI 的另一個模組 Power Pivot。而 Power Pivot 是什麼呢？它是一個可以用來「管理數據庫」的重要功能，我們可以利用它來連接資料表彼此之間的關係模型，俗稱「資料模型」，如圖 3-1。

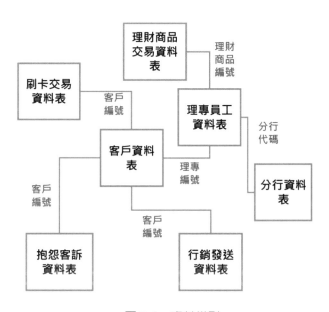

∧ 圖 3-1　資料模型

Power Pivot 可以將資料表屬性是「維度表」和「明細表」的關係建立起來，而有了相對應的關係之後，可以用來執行強大的資料分析；從建立資料分析所用的資料模型，到資料分析所需要建立的資料指標等，都可以透過它來完成。

本章節內容仍以實務角度，輔以實戰案例的形式來說明 Power Pivot 可以做哪些事情，讓讀者在閱讀此章節能將 Power Pivot 融入於實務和實戰當中做中學。

若讀者對於 Power Pivot 想要有更多的認識及瞭解，可參考《Power BI 金融大數據分析應用：貼近產業實務，掌握決策效率》一書。

3.1 【案例一】動態行事曆

範例檔：PowerBI_ch3_【案例一】_PowerBI_DAX 函數設定

一般在執行資料分析的時候，**若遇到時間維度的分析，我們需要針對時間欄位進行處理**，例如從日期（像是「2020-01-23」）取出年、季、月、星期幾等的維度單位，以便完成時間維度的分析；亦或者，**要觀察某一期間的消費變化時**，例如近 180 天內有金融交易的天數是 150 天，欲知道是哪 30 天的日期是沒有金融交易紀錄時，此時就需要透過日曆維度表的關聯串接後，才能知道哪些日期是沒有紀錄的。因此，日曆維度表是資料分析過程中相當重要的一環，接下來我們將透過實戰演練製作日曆維度表。

☟ 建立日曆維度動態資料表操作步驟

STEP **01**　切換至「資料表區 ➡ 點選 資料表工具 - 新增資料表」。

STEP **02**　在 DAX 宣告處中，鍵入以下公式內容 ➡ 按 Enter，自動帶出「日曆維度動態表」的結果。

```
日曆維度動態表 =
ADDCOLUMNS (
  CALENDAR (
    MIN(' 刷卡交易資料表 '[ 交易日期 ]),
    MAX(' 刷卡交易資料表 '[ 交易日期 ])
  ),
  " 年 ", YEAR ( [Date] ) & " 年 ",
  " 年順序 ", YEAR ( [Date] ),
  " 季度 ", " 第 " & ROUNDUP ( MONTH ( [Date] ) / 3, 0 ) & " 季 ",
  " 季度編號 ", ROUNDUP ( MONTH ( [Date] ) / 3, 0 ),
  " 月 ", MONTH ( [Date] ) & " 月 ",
  " 月編號 ", MONTH ( [Date] ),
  " 周 ", " 第 " & WEEKNUM ( [Date] ) & " 周 ",
```

```
    " 周編號 ", WEEKNUM ( [Date] ),
    " 年季度 ", YEAR ( [Date] ) & "Q" & ROUNDUP ( MONTH ( [Date] ) / 3, 0 ),
    " 年月 ", YEAR ( [Date] ) * 100 + MONTH ( [Date] ),
    " 年周 ", YEAR ( [Date] ) * 100 + WEEKNUM ( [Date] ),
    " 星期幾 ", " 星期 " & WEEKDAY ( [Date] ),
    " 星期幾編號 ", WEEKDAY ( [Date] )
)
```

∧ 圖 3-2　建立日曆維度動態表操作步驟

小結：日曆維度動態表，此範圍的參照是來自於「刷卡交易資料表」的最小及最大交易日期，因此當交易日期有新增或減少時，**其實不用煩惱日期範圍的參照會遺漏**。同樣地，倘若要固定參照範圍時（缺點為日期參照範圍有異動時，可能會影響時間分析範圍結果），只需修改參照日期範圍，如以下。

```
2  ADDCOLUMNS (
3      CALENDAR (
4          DATE(2016,1,1),  ┄┄┄ 只需修改參照日期範圍即可
5          DATE(2017,12,31)
6      ),
```

∧ 圖 3-3　修改參照日期範圍示例

3.2 【案例二】RFM 模型應用

範例檔：PowerBI_ch3_【案例二】_PowerBI_RFM 模型應用

RFM 客戶價值分析模型是用來衡量客戶價值以及客戶獲利的重要手法。分析客戶價值的方法有很多種，其中一種常用方法就是 RFM 價值分析模型。

RFM 客戶價值分析模型的概念，是利用顧客過去的歷史交易紀錄，包括最近一次購買日期指標（Recently）、某時段的購買頻率指標（Frequency）及某時段的購買金額指標（Monetary），透過這 3 個指標來衡量客戶價值。

Recently 跟 Frequency 是用來評估客戶忠誠度指標，Monetary 是評估客戶消費力高低之指標。應用上 RFM 的用途還可用來做為直效行銷工具，**優勢在於：（1）提高回應率、（2）降低行銷成本、（3）客戶個人化**。

▽ 建立客戶 RFM 資料表操作步驟

STEP01　計算 R 指標。最近一次購買日期指標（Recently）。R 表示計算現在和最近一次購買時間的間隔天數，這裡的「現在」，我們設定以「2007-12-31」為基準。切換至「零售會員輪廓檔 _FIN」➜ 模型 - 計算 - 新增資料行「距今時間間隔」➜ 模型 - 計算 - 新增量值「R」。

　　　　DAX 宣告處：距今時間間隔 = DATEDIFF([最近交易日期],"2007-12-31",DAY)

　　　　DAX 宣告處：R = CALCULATE(MIN(' 零售會員輪廓檔 _FIN'[距今時間間隔]),' 零售會員輪廓檔 _FIN'[是否曾消費]=" 是 ")

STEP02　計算 F 指標。購買頻率指標（Frequency）。F 表示計算頻率次數，這裡定義為客戶的訂單筆數。直接使用「**DAX 量值管理表**」的量值「**總消費筆數**」 ➜ 並複製新增一量值為 F。

　　　　DAX 宣告處：F = DISTINCTCOUNT(' 零售會員交易檔 _FIN'[訂單編號])

STEP03　計算 M 指標。購買金額指標（Monetary）。M 表示計算累計貢獻金額。直接使用「**DAX 量值管理表**」的量值「**總消費金額**」 ➜ 並複製新增一量值為 M。

　　　　DAX 宣告處：M = SUM(' 零售會員交易檔 _FIN'[總價格])

STEP04　計算 RFM 資料表。各別完成 RFM 指標之後，需要建立客戶的 RFM 資料表。切換至 資料表區 ➜ 模型 - 計算 - 新增資料表。

DAX 宣告處：客戶 RFM = CALCULATETABLE(SUMMARIZE(' 零售會員輪廓檔 _FIN',' 零售會員輪廓檔 _FIN'[會員編號],' 零售會員輪廓檔 _FIN'[年齡],' 零售會員輪廓檔 _FIN'[年齡組距],' 零售會員輪廓檔 _FIN'[入會管道],' 零售會員輪廓檔 _FIN'[職業],"R",[R],"F",[F],"M",[M]," 數量 ",[總消費數量]),' 零售會員輪廓檔 _FIN'[是否曾消費]=" 是 ")

另同時新增 RFM 資料表資料欄位，分別為“年齡”、“年齡組距”、“入會管道”、“職業”及量值“總消費數量”。

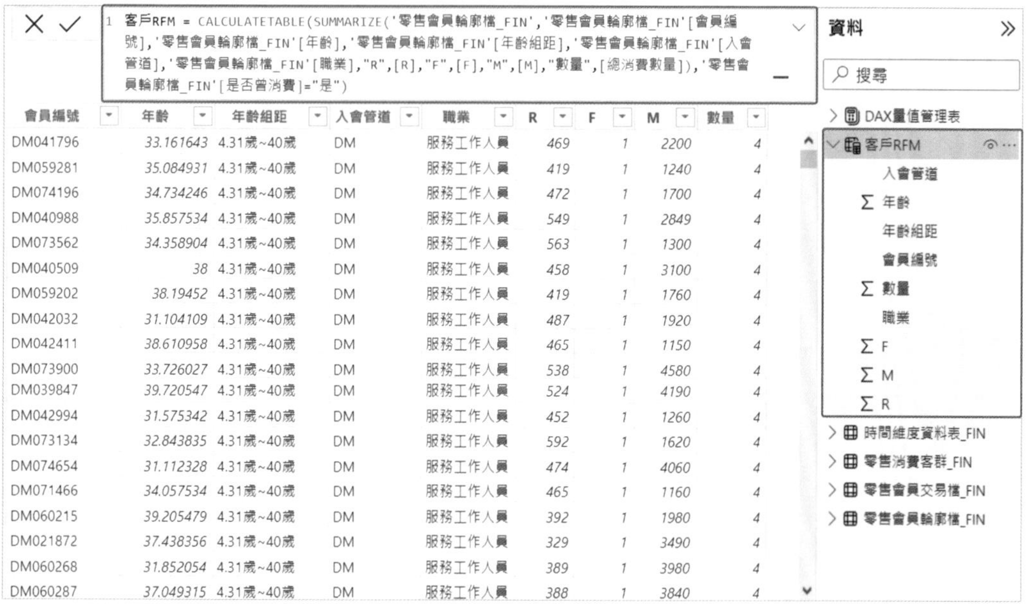

會員編號	年齡	年齡組距	入會管道	職業	R	F	M	數量
DM041796	33.161643	4.31歲~40歲	DM	服務工作人員	469	1	2200	4
DM059281	35.084931	4.31歲~40歲	DM	服務工作人員	419	1	1240	4
DM074196	34.734246	4.31歲~40歲	DM	服務工作人員	472	1	1700	4
DM040988	35.857534	4.31歲~40歲	DM	服務工作人員	549	1	2849	4
DM073562	34.358904	4.31歲~40歲	DM	服務工作人員	563	1	1300	4
DM040509	38	4.31歲~40歲	DM	服務工作人員	458	1	3100	4
DM059202	38.19452	4.31歲~40歲	DM	服務工作人員	419	1	1760	4
DM042032	31.104109	4.31歲~40歲	DM	服務工作人員	487	1	1920	4
DM042411	38.610958	4.31歲~40歲	DM	服務工作人員	465	1	1150	4
DM073900	33.726027	4.31歲~40歲	DM	服務工作人員	538	1	4580	4
DM039847	39.720547	4.31歲~40歲	DM	服務工作人員	524	1	4190	4
DM042994	31.575342	4.31歲~40歲	DM	服務工作人員	452	1	1260	4
DM073134	32.843835	4.31歲~40歲	DM	服務工作人員	592	1	1620	4
DM074654	31.112328	4.31歲~40歲	DM	服務工作人員	474	1	4060	4
DM071466	34.057534	4.31歲~40歲	DM	服務工作人員	465	1	1160	4
DM060215	39.205479	4.31歲~40歲	DM	服務工作人員	392	1	1980	4
DM021872	37.438356	4.31歲~40歲	DM	服務工作人員	329	1	3490	4
DM060268	31.852054	4.31歲~40歲	DM	服務工作人員	389	1	3980	4
DM060287	37.049315	4.31歲~40歲	DM	服務工作人員	388	1	3840	4

^ **圖 3-4** 客戶 RFM 資料表

根據客戶 RFM 資料表的定義，**設定大於平均值的標籤為「+」**，小於平均值的標籤為「-」，因此 RFM 的組合總共會有 8 種，如表 3-1 所示。我們並分別給予這 8 種組合客群不同名稱。

再來我們在下一個步驟將透過 DAX 函數計算每一位客戶的定位，及所屬身分 RFM 標籤命名。

> 表 3-1　RFM 價值分析模型標籤

R（間隔天數）	F（訂單數量）	M（訂單金額）	客戶標籤身分
+	+	+	重要價值客戶
+	+	-	一般價值客戶
-	+	+	重要保持客戶
-	+	-	一般保持客戶
+	-	+	重要發展客戶
+	-	-	一般發展客戶
-	-	+	重要挽留客戶
-	-	-	一般挽留客戶

STEP05　新增【RFM 客戶價值】標籤。切換至：「客戶 RFM」資料表 ➡ 新增資料行。

DAX 宣告處：會員價值 RFM = IF([R]<AVERAGE([R]),IF([F]>AVERAGE([F]),IF([M]>AVERAGE([M]),"1_重要價值客戶","2_一般價值客戶"),IF([M]>AVERAGE([M]),"3_重要發展客戶","4_一般發展客戶")),IF([F]>AVERAGE([F]),IF([M]>AVERAGE([M]),"5_重要保持客戶","6_一般保持客戶"),IF([M]>AVERAGE([M]),"7_重要挽留客戶","8_一般挽留客戶")))

^ 圖 3-5　客戶 RFM 價值分析模型表

依照上述 5 步驟操作即可完成「客戶 RFM 價值分析模型表」，讀者可參照著圖 3-6 或「PowerBI_RFM 模型應用」範例檔案，設計自行所屬企業的 RFM 視覺化應用分析儀表板。

RFM 客戶價值分析模型視覺化及分眾經營策略

製作 RFM 價值分析模型視覺化應用分析儀表板，會使用到哪些視覺效果及主要欄位呢？請參考表 3-2 及圖 3-6 所示。

> **表 3-2** RFM 價值分析模型視覺化應用分析儀表板使用視覺效果

視覺效果名稱	主要資料欄位設計		備註
	型態：類別或文字	型態：計數、值或量值	
文字方塊	RFM 價值分析模型視覺化應用	-	-
散佈圖	會員價值 RFM	R、F、M	-
資料表	會員價值 RFM	會員編號計數、平均年齡、R 平均、F 平均、M 平均、數量的平均	-
群組橫條圖	年齡組距	會員編號計數	-
群組橫條圖	職業	會員編號計數	-
群組直條圖	入會管道	會員編號計數	

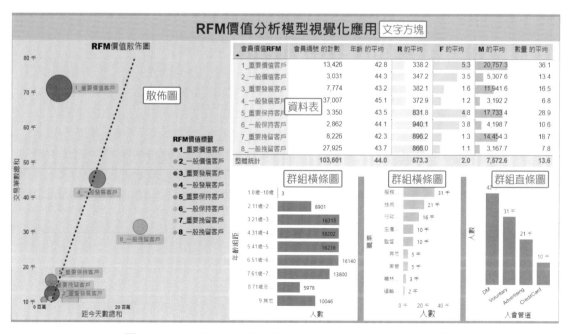

∧ **圖 3-6** RFM 價值分析模型視覺化應用分析儀表板視覺效果設計

可以知道不同客戶身分的 RFM 標籤，代表客戶價值等級不同，然而從標籤身分來看，最直接的就是特徵行為差異。因此應該針對這些特徵行為差異結果，給予不同的客戶經營策略，目的是驅動客戶標籤身分能夠「往上升等」。

針對客戶標籤身分，筆者整理可行的對應經營策略方向，如表 3-3 說明。

> 表 3-3　RFM 客戶價值分析模型經營策略

客戶標籤身分	RFM	經營策略
重要價值客戶	+ + +	消費時間最近、次數最多、金額最高。屬於企業最該關心的客群，應施以關心關懷方式，隨時追蹤行為表現，提供高優質服務為主。
一般價值客戶	+ + -	消費次數最多、金額最高。有潛力成為重要價值身分的客群，應施以互動式方式操作，建立黏度習慣，例如遊戲化、猜猜看、MGM 等方式。
重要保持客戶	- + +	消費時間遠、但是以往次數多、金額高。屬於以前的忠誠客戶，應施以主動式出擊方式，保持聯繫溝通的習慣。
一般保持客戶	- + -	消費時間遠、但是以往次數多、金額高。屬於以前的忠誠客戶，應施以主動式出擊方式，保持聯繫溝通的習慣。
重要發展客戶	+ - +	消費時間近、以往次數多、金額一般。屬於潛力客戶類型，首要任務須提升消費頻率，或許可用不定期驚喜來經營該客群。
一般發展客戶	+ - -	消費時間近、次數和金額一般。首要任務提升消費貢獻，或許發放大額折價券促進消費，也可區隔化一般折價券 (通常價值較低)。
重要挽留客戶	- - +	消費時間遠、次數少、金額高。已經屬於流失或即將流失等級客戶，首要任務當然就是挽留策略，可以根據以往資料結果區分挽留客戶的優先條件操作，畢竟開發一個新客戶和挽留流失客戶的投入成本不同。
一般挽留客戶	- - -	消費時間遠、次數少、金額少。承上，操作方式與重要挽留客戶的方式大同小異，但該群客戶能夠挽留的數量佔比，肯定是最小，已經屬於流失或即將流失等級客戶，首要任務當然就是挽留策略，可以根據以往資料結果區分挽留客戶的優先條件操作，畢竟開發一個新客戶和挽留流失客戶的投入成本不同。

3.3 【案例三】創建對比分析指標

範例檔：PowerBI_ch3_【案例三】_PowerBI_創建對比指標

通常在執行市場調查分析時，需要瞭解整體業績或某類業績的近兩年的增長狀況。而這種數據分析的角度就是「對比」的意思，也就是說假設我們單獨觀察某個數據時並不能看出什麼端倪，此時必須把兩個數據放在一起才能看出兩者之間的差異程度。如同圖 3-7所示，比較 2016 年及 2017 年的總營收，可以知道市場的增長趨勢。

△ 圖 3-7 近 2 年總營收比較

Power BI 的 DAX 語言就能隨時提供計算「對比」比較的函數，透過內建計算資料的高效壓縮功能，快速提供使用者分析「對比」數據指標。此實戰演練將以 Power Pivot 和 Power View 做搭配使用說明。

建立同期比較量值指標操作步驟

資料形式說明：創建「同期比較」指標時，資料表建議存在「日期參照表」，以利清楚定義內容以及後續創建「同期比較」指標。

演練步驟：切換至 資料表檢視 ➞ 選取 DAX 量值管理表 ➞ 滑鼠右鍵－新增量值。

STEP 01　新增【總訂單金額】量值指標。

DAX 宣告處：總營收 = SUMX(' 訂單詳細資料表 ',' 訂單詳細資料表 '[售價]*' 訂單詳細資料表 '[數量])

STEP 02　新增【同期總訂單金額】量值指標。

DAX 宣告處：同期總訂單金額 = CALCULATE([總訂單金額], DATEADD(' 時間維度對照表 '[日期],-1, YEAR))

STEP 03　新增【同期總訂單金額成長率】量值。

DAX 宣告處：同期總訂單金額成長率 = DIVIDE([總訂單金額]-[同期總訂單金額],[同期總訂單金額])

🔽 設計同期比較指標視覺化效果

當「同期比較指標」量值建立後，讀者可參照著圖 3-8 或範例檔案，設計同期比較指標視覺化效果。

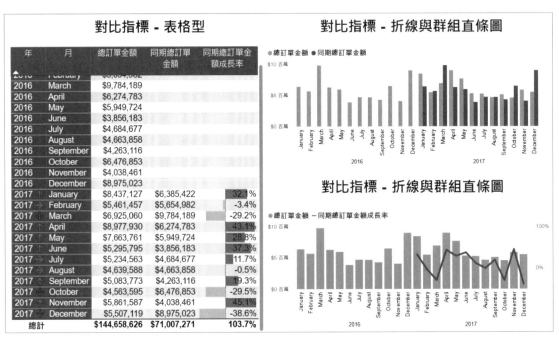

△ 圖 3-8　同期比較指標視覺化效果設計

3.4 【案例四】創建品類（品牌）熱度分析指標

範例檔：PowerBI_ch3_【案例四】_PowerBI_創建熱度指標

品類或品牌熱度通常是用來評估產品是否能在市場留存的關鍵指標。計算品類或品牌熱度的方法有許多種，以下將介紹使用 DAX 函數創建**累積佔比量值**，搭配折線與群組直條圖視覺效果來分析品類（產品）熱度。

▽ 建立品類熱度資料表

STEP**01** 新增【訂單日期、產品類別及總訂單金額】資料行。切換至：「訂單細項」資料表 ➡ 新增資料行。

DAX 宣告處：訂單日期 = RELATED(' 訂單資料 '[訂單日期])

DAX 宣告處：產品類別 = RELATED(' 產品資料 '[類別])

DAX 宣告處：訂單金額 = [售價]*[數量]

STEP**02** 新增【品類熱度資料】資料表。切換至：模型檢視 ➡ 新增資料表。

DAX 宣告處：品類熱度資料 = SUMMARIZE(' 訂單細項 ',' 訂單細項 '[產品類別]," 總訂單金額指數 ",SUM(' 訂單細項 '[訂單金額]))

產品類別	總訂單金額指數
烘焙食品	$19,114,485
肉類罐頭	$10,639,651
飲料	$22,722,397
油品	$1,661,818
麥片	$9,007,711
湯品	$4,142,364
穀類	$4,065,277
義大利麵	$8,840,205
蔬菜水果	$16,897,666
糖果	$3,057,010
調味品	$7,881,755
零食	$318,770
乳製品	$2,382,216
乾果	$16,847,121
果醬	$6,365,846
醬料	$10,714,334

∧ **圖 3-9** 建立品類熱度資料表及產品類別總訂單金額指數

STEP**03**　新增【品類熱度指標】量值。切換至:「品類熱度資料」➡ 新增資料行。

DAX 宣告處:品類訂單金額指數累積百分比 = SUMX(FILTER(' 品類熱度資料 ',EARLIER(' 品類熱度資料 '[總訂單金額指數])<=' 品類熱度資料 '[總訂單金額指數]),' 品類熱度資料 '[總訂單金額指數]/SUM(' 品類熱度資料 '[總訂單金額指數]))

產品類別	總訂單金額指數	品類訂單金額指數累積百分比
烘焙食品	$19,114,485	28.92%
肉類罐頭	$10,639,651	67.01%
飲料	$22,722,397	15.71%
油品	$1,661,818	99.78%
麥片	$9,007,711	73.24%
湯品	$4,142,364	92.06%
穀類	$4,065,277	94.87%
義大利麵	$8,840,205	79.35%
蔬菜水果	$16,897,666	40.60%
糖果	$3,057,010	96.98%
調味品	$7,881,755	84.80%
零食	$318,770	100.00%
乳製品	$2,382,216	98.63%
乾果	$16,847,121	52.25%
果醬	$6,365,846	89.20%
醬料	$10,714,334	59.65%

︿ **圖 3-10**　建立品類訂單金額指數累積百分比指標

EARLIER 函數

- 功能:用來進行外部參照計算的實用函數,場景多用於計算排名值。

- 使用說明:EARLIER(' 品類熱度資料 '[總訂單金額指數])<=' 品類熱度資料 '[總訂單金額指數]);表示 EARLIER(' 品類熱度資料 '[總訂單金額指數]) 為複製一份總訂單金額指數的意思,而 EARLIER(' 品類熱度資料 '[總訂單金額指數])<=' 品類熱度資料 '[總訂單金額指數]) 表示利用現在真正的總訂單金額指數和複製的所有總訂單金額指數進行比較。

FILTER 函數

- 功能:表示過濾功能,該函數不能單獨使用,需搭配其他敘述函式。

- 使用說明:敘述函式 FILTER(' 品類熱度資料 ',EARLIER(' 品類熱度資料 '[總訂單金額指數]),表示將大於等於目前總訂單金額指數的資料行篩選出來。

STEP04 　新增【品類訂單金額指數排名】量值。切換至：「品類熱度資料」 ➜ 新增資料行。

DAX 宣告處：品類營收指數排名 = COUNTROWS(FILTER(' 品類熱度資料 ', EARLIER(' 品類熱度資料 '[總訂單金額指數])<' 品類熱度資料 '[總訂單金額指數]))+1

產品類別 ▼	總訂單金額指數 ▼	品類訂單金額指數累積百分比 ▼↑	品類營收指數排名 ▼
飲料	$22,722,397	15.71%	1
烘焙食品	$19,114,485	28.92%	2
蔬菜水果	$16,897,666	40.60%	3
乾果	$16,847,121	52.25%	4
醬料	$10,714,334	59.65%	5
肉類罐頭	$10,639,651	67.01%	6
麥片	$9,007,711	73.24%	7
義大利麵	$8,840,205	79.35%	8
調味品	$7,881,755	84.80%	9
果醬	$6,365,846	89.20%	10
湯品	$4,142,364	92.06%	11
穀類	$4,065,277	94.87%	12
糖果	$3,057,010	96.98%	13
乳製品	$2,382,216	98.63%	14
油品	$1,661,818	99.78%	15
零食	$318,770	100.00%	16

△ **圖 3-11** 建立品類訂單金額指數排名設定

設計品類熱度指標視覺化效果及數據解讀

將建立完成的品類熱度資料表，使用基本 Power View 視覺化分析，如圖 3-12。依據總訂單金額指數由大至小排序，可以知道 80% 左右營收集中在前 8 名的品類（前 8 名品類訂單金額指數累計百分比為 79.3%），而前 20% 品類（前 3 名，16 x 20% = 3.2）佔營收指數 40.6%，以 20：80 法則來看，主要產品在市場熱度仍有成長空間。

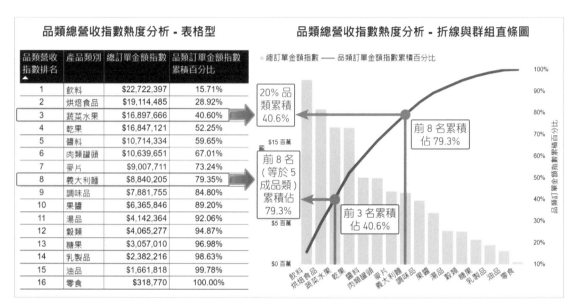

△ 圖 3-12　品類（品牌）熱度指標視覺化效果設計及說明

CHAPTER **4**

活用數據
視覺化儀表板
- Power View

本章將介紹 Power BI 的最後一個模組 Power View。在資料視覺化分析的領域中，相信並不是只有單純把數據轉換成圖表而已，它其實是有一個流程範疇，依序為「設計問題 ➡ 資料蒐集 ➡ 整理資料格式 ➡ 資料探索 ➡ 圖像化資料 ➡ 圖像化分析（有效傳達）」，如此才能夠落實資料視覺化分析。

接下來內容以 Power View 來說明產業實務案例，並且是以適合場景說明、搭配適合的數據指標、架構設計，進而繪製而成的儀表板。主要是提供讀者在工作實務上，若碰到類似的數據源，可以參考本書的實戰案例分析快速瞭解，進而設計出本身的儀表板。實戰案例分析涵蓋：客群分析、信用卡、帳戶及不動產交易等，都是在實務上常見的數據分析應用領域，因此期望讀者在閱讀此章節後，能將 Power View 融入於實務和實戰當中做中學。

4.1 【案例一】客戶 Insight 應用

範例檔：PowerBI_ch4_【案例一】客戶 Insight 應用

客群樣態比較分析

邏輯設計及適合場景

認識客群是零售產業最重要的事情。從資料的結構來看，客群的分水嶺是分成一般會員跟 VIP 會員，因此該範例的邏輯設計是將此條件設定為篩選器方式，並搭配消費與否來比較。

客群樣態比較分析，在設計上先以幾個 Key Value 進行展開，例如會員人數、年齡、貢獻指標（金額，訂單數，購物籃數，紅利點數），細部比較就是性別、年齡級距、職業分佈、入會管道與生日，以及地區。透過這些標籤來比較一般會員跟 VIP 會員在樣態上是否有不同的差異等訊息。

該儀表板的場景適合提供所有經營人員，初步認識會員客群的結構分佈，僅此而已。若欲知道客群活躍度等相關訊息，則需有其他資訊才行。

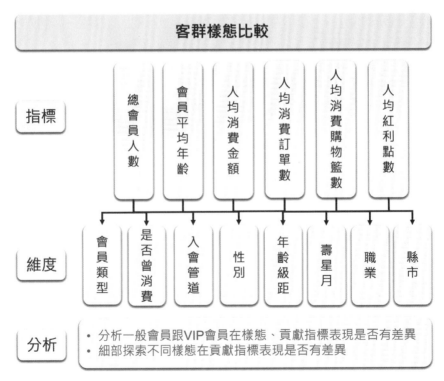

∧ 圖 4-1　客群樣態比較分析儀表板架構設計

使用哪些主要欄位及視覺效果設計

製作範例「PowerBI_ch4_【案例一】客戶 Insight 應用」的「客群樣態比較分析」儀表板，會用到哪些視覺效果及主要欄位呢？讀者請參考表 4-1 及圖 4-2 所示。

> **表** 4-1　客群樣態比較分析使用視覺效果

視覺效果名稱	主要資料欄位設計		備註
	型態：類別或文字	型態：計數、值或量值	
文字方塊	標題：零售客戶 360 度圖像標籤 - 客群樣態比較	-	-
交叉分析篩選器	會員類型、是否曾消費	-	-
卡片	-	總會員人數、會員平均年齡、人均消費金額、人均消費訂單數、人均消費購物籃數、人均紅利點數	-
環圈圖	性別、年齡級距	總會員人數	-
群組橫條圖	職業	總會員人數	-
折線與堆疊直條圖	壽星月、入會管道	總會員人數	-
群組直條圖	縣市	總會員人數	-

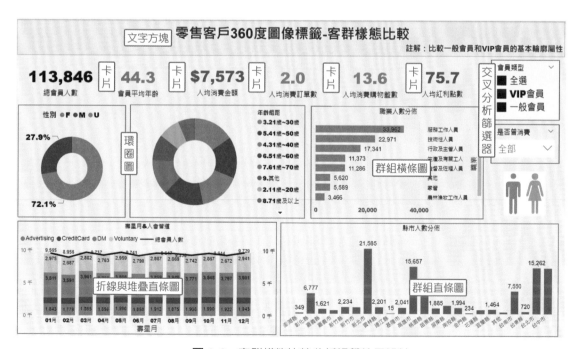

^ **圖** 4-2　客群樣態比較分析視覺效果設計

☟ 客群貢獻分析 (1)

☐ 邏輯設計及適合場景

承上範例內容,客群樣態只是瞭解認識其結構分佈,然而「貢獻」才是經營客群最重要的目標。該儀表板的內容,先不區分一般會員跟 VIP 會員,而是先就整體概括的角度來進行設計,從整體會員「貢獻」出發,再比較不同時間維度的特徵差異。

透過 Key Value 傳達重要的指標維度(會員人數,消費人數,消費金額,訂單筆數,購物籃數等),再以年、季、月、星期的趨勢說明不同時間維度的表現。

該儀表板的場景同樣適合提供所有經營人員,瞭解整個會員的幾個重要指標後,從年、季、月及星期的差異等資訊,清楚知道趨勢的成長及下滑是位於週期的何時。若欲知道客群的差異貢獻等相關訊息,仍需加入其他資訊才行。

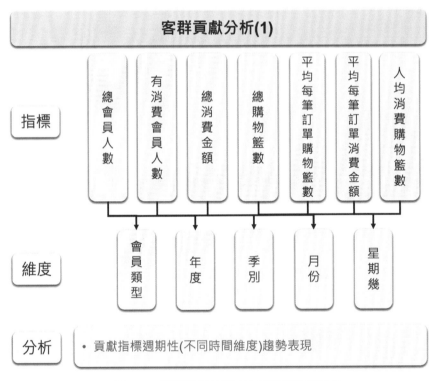

△ 圖 4-3 客群貢獻分析 (1) 儀表板架構設計

使用哪些主要欄位及視覺效果設計

製作範例「PowerBI_ch4_【案例一】客戶 Insight 應用」的「客群貢獻分析 (1)」儀表板，會用到哪些視覺效果及主要欄位呢？讀者請參考表 4-2 及圖 4-4 所示。

> **表 4-2** 客群貢獻分析 (1) 使用視覺效果

視覺效果名稱	主要資料欄位設計		備註
	型態：類別或文字	型態：計數、值或量值	
文字方塊	標題：零售客戶 360 度圖像標籤 - 客群貢獻 (1)	-	-
交叉分析篩選器	會員類型		
卡片	-	總會員人數、有消費會員人數、總消費金額、總購物籃數、平均每筆訂單購物籃數、平均每筆訂單消費金額	-
折線與群組直條圖	年度、季別、月份、星期幾	總消費金額、人均消費金額、平均每筆訂單消費金額	-

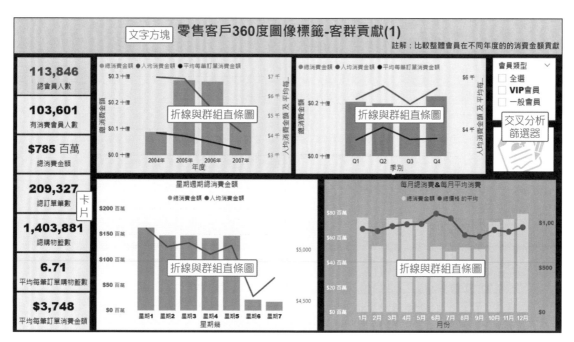

∧ **圖 4-4** 客群貢獻分析（1）視覺效果設計

客群貢獻分析 (2)

邏輯設計及適合場景

同樣承上範例內容,在客群貢獻 (1) 的儀表板內容,主要是呈現整體會員的貢獻。客群貢獻 (2) 的設計增加了「比較」元素,透過篩選器的點選,可以同一時間比較一般會員跟 VIP 會員在消費、紅利點數的不同的比較之外,還可知道消費金額的歷史趨勢。

另外搭配 Key Value 及多列卡片內容所呈現的重要貢獻資訊。

該儀表板的場景適合所有經營人員做基本的客群結構認識(一般會員跟 VIP 會員),維度從最基本的年齡、性別開始,還有息息相關的紅利積點分佈。其實整個來說,此儀表板就能夠滿足一些經營人員的需求,像是透過年齡組級距與紅利點數分佈的資料探索,就能知道哪個年齡層的組距以及紅利點數組距的分佈情形。若欲知道客群貢獻的其他細項,則需加入相關維度觀察才行。

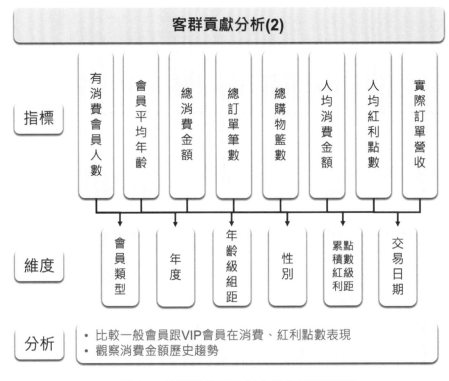

△ 圖 4-5　客群貢獻分析(2)儀表板架構設計

使用哪些主要欄位及視覺效果設計

製作範例「PowerBI_ch4_【案例一】客戶 Insight 應用」的「客群貢獻分析 (2)」儀表板，會用到哪些視覺效果及主要欄位呢？讀者請參考表 4-3 及圖 4-6 所示。

> **表 4-3**　客群貢獻分析 (2) 使用視覺效果

視覺效果名稱	主要資料欄位設計		備註
	型態：類別或文字	型態：計數、值或量值	
文字方塊	標題：零售客戶 360 度圖像標籤 - 客群貢獻 (2)	-	-
交叉分析篩選器	會員類型	-	開啟全選功能
卡片	-	有消費會人數、會員平均年齡、總消費金額、總訂單筆數、總購物籃數、人均消費金額、人均紅利點數	-
多列卡片	年度	總購物籃數、總消費金額	-
堆疊直條圖	年齡級組距、性別	實際訂單營收	-
100% 堆疊橫條圖	性別、累積紅利點數級距	有消費會員人數	-
折線圖	交易日期、會員類型	總消費金額	-

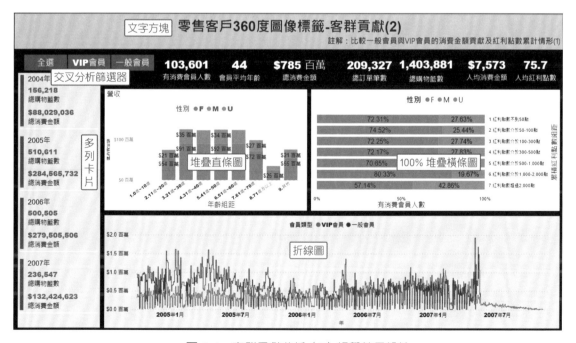

∧　**圖 4-6**　客群貢獻分析（2）視覺效果設計

客群貢獻分析 (3)

邏輯設計及適合場景

在客群貢獻 (3) 的儀表板內容，增加了幾個不同維度變項資訊，主體是以交叉分析篩選開始，透過 Bowite Chart by MAQ Software 可以清楚知道一般會員跟 VIP 會員的人均消費組成管道貢獻情形，還有比較職業跟星座的差異，也可以利用地圖比較縣市的消費金額情形，統一利用交叉分析篩選器來探索內容。

該儀表板的場景適合具有行銷資料分析的人，可結合客群貢獻 (1) 和客群貢獻 (2) 的內容，從整體分析到一般會員跟 VIP 會員的差異分析，在實務行銷上就能分析出有潛力貢獻的客群特徵，進而設計出相關的行銷計畫。

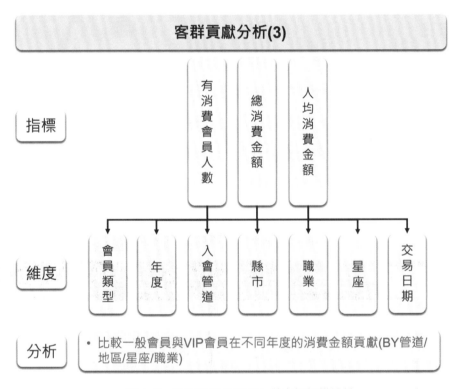

∧ **圖 4-7** 客群貢獻分析 (3) 儀表板架構設計

使用哪些主要欄位及視覺效果設計

製作範例「PowerBI_ch4_【案例一】客戶 Insight 應用」的「客群貢獻分析 (3)」儀表板，會用到哪些視覺效果及主要欄位呢？讀者請參考表 4-4 及圖 4-8 所示。

Bowite Chart by MAQ Software，可以用來分析組成結構，例如該範例使用的管道組成，且呈現是以線條的粗細代表大小（可用比例、實際值等），是一個很清楚呈現結構組成的視覺效果模板。

> **表 4-4** 客群貢獻分析 (3) 使用視覺效果

視覺效果名稱	主要資料欄位設計		備註
	型態：類別或文字	型態：計數、值或量值	
文字方塊	標題：零售客戶 360 度圖像標籤 - 客群貢獻 (3)	-	-
交叉分析篩選器	會員類型、年度	-	開啟全選功能
卡片	-	有消費會員人數、總消費金額	-
Bowite Chart by MAQ Software	入會管道、會員類型	人均消費金額	使用自訂效果
地圖	縣市、會員類型	總消費金額	-
折線圖	交易日期、會員類型	有消費會員人數	-
群組橫條圖	職業、會員類型	總消費金額	使用平均線、中線
群組直條圖	星座、會員類型	總消費金額	-

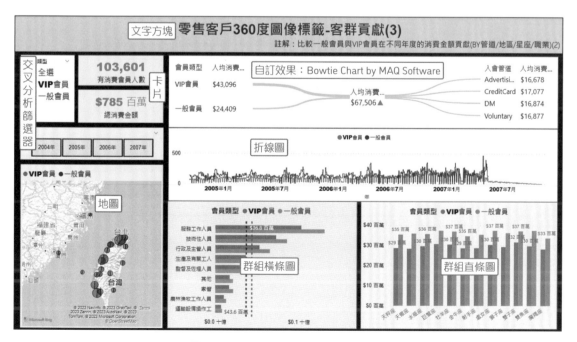

^ **圖 4-8** 客群貢獻分析 (3) 視覺效果設計

客群入會特徵分析

邏輯設計及適合場景

在客群入會特徵分析的儀表板內容，集結了許多維度，可以完整地進行資料探索分析，主體是以一般會員跟 VIP 會員、入會年的交叉分析篩選開始，搭配有消費會員人數及有消費會員比例的 Key Value。從觀察年齡級距與性別的交叉、還有入會月的人數分佈佔比，再比較職業、會員年限、縣市及婚姻狀態等資訊。

該儀表板的場景，同樣適合具有行銷資料分析的人，可以完整知道客群入會的特徵組成，不管是一般會員或 VIP 會員等，還可以區別不同年度入會的比較，在實務行銷上就可以知道從哪些管道入會的客群特徵，再搭配可能的貢獻指標，就能知道客戶的潛質如何，進而設計出相關的行銷獲客或忠誠度維繫計畫。

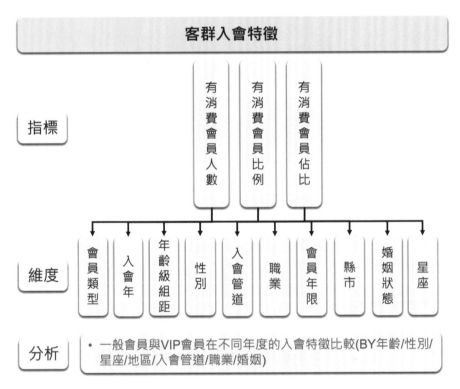

∧ 圖 4-9　客群入會特徵分析儀表板架構設計

使用哪些主要欄位及視覺效果設計

製作範例「PowerBI_ch4_【案例一】客戶 Insight 應用」的「客群入會特徵分析」儀表板,會用到哪些視覺效果及主要欄位呢?讀者請參考表 4-5 及圖 4-10 所示。

Sankey Chart 可以用來分析組成結構還有路徑走勢,該範例是使用各星座的入會管道組成,且呈現是以線條的粗細代表大小(可用比例、實際值等),是一個能清楚呈現結構組成的視覺效果模板。

Sankey Chart 還可以用來分析網頁與網頁之間的關係,也就是所謂的路徑分析,例如網路訪客從 A 網頁到 D 網頁共有幾種路徑走勢,以及網頁與網頁之間的流量關係等,這些都可以透過 Sankey Chart 來呈現。

> 表 4-5　客群入會特徵分析使用視覺效果

視覺效果名稱	主要資料欄位設計		備註
	型態:類別或文字	型態:計數、值或量值	
文字方塊	零售客戶 360 度圖像標籤 - 客群入會特徵	-	-
交叉分析篩選器	會員類型、入會年	-	關閉全選功能
卡片	-	有消費會員人數、有消費會員比例	-
矩陣	年齡級距、性別	有消費會員人數 %	-
樹狀圖	入會月	有消費會員人數 %	-
Sankey Chart	星座、入會管道	有消費會員人數	使用自訂效果
漏斗圖	職業	有消費會員人數 %	遞減排序(依據職業計數 %)
群組橫條圖	會員年限	有消費會員人數 %	-
地圖	縣市	有消費會員人數	-
環圈圖	婚姻狀態	有消費會員人數	-

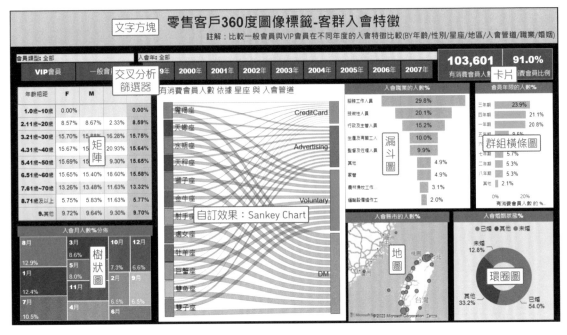

客群行銷回應分析 (1)

邏輯設計及適合場景

在實務中許多人常會忽略追蹤從行銷管道的回應情形，這個環節其實相當重要，若我們可以瞭解並計算客戶的最適合接觸通路，在實務操作上就可以針對客戶的最適合接觸通路進行行銷，對於行銷成本的控管非常有幫助。

在客群行銷回應分析 (1) 的儀表板內容，列舉了 4 項行銷回應的方式，分別是 EDM 開啟狀況、簡訊（SMS）點擊情況、APP Push 點擊回應與 OB 接通情形。主體是以一般會員跟 VIP 會員的交叉分析篩選開始，並區分不同性別的回應情況。

該儀表板的場景，適合具有行銷專業背景的人，不管是一般會員或 VIP 會員等，我們除了可以從中瞭解哪個客群對於行銷的回應之外，還可以搭配上述客群貢獻儀表板，分析出在一般會員或 VIP 會員中，對於哪個行銷方式是有感的，且該客群的消費是具有潛力的，進而設計出該客群的最適接觸通路及可能的回應表現，提出相關行銷獲客或忠誠度維繫計畫。

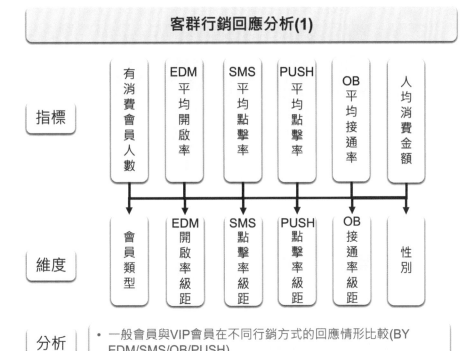

△ 圖 4-11 客群行銷回應分析 (1) 儀表板架構設計

使用哪些主要欄位及視覺效果設計

製作範例「 PowerBI_ch4_【案例一】客戶 Insight 應用」的「客群行銷回應分析 (1)」儀表板，會用到哪些視覺效果及主要欄位呢？讀者請參考表 4-6 及圖 4-12 所示。

> 表 4-6　客群行銷回應分析 (1) 使用視覺效果

視覺效果名稱	主要資料欄位設計		備註
	型態：類別或文字	型態：計數、值或量值	
文字方塊	零售客戶 360 度圖像標籤 - 客群行銷回應分析 (1)	-	-
交叉分析篩選器	會員類型	-	關閉全選功能
卡片	-	有消費會員人數、EDM 平均開啟率、SMS 平均點擊率、PUSH 平均點擊率、OB 平均接通率	-
群組直條圖	EDM 開啟率級距、SMS 點擊率級距、PUSH 點擊率級距、OB 接通率級距、性別	有消費會員人數	-
Horizontal bar chart	EDM 開啟率級距、SMS 點擊率級距、PUSH 點擊率級距、OB 接通率級距	EDM 開啟率平均、SMS 點擊率平均、PUSH 點擊率平均、OB 接通率平均	使用自訂效果
資料表	EDM 開啟率級距、SMS 點擊率級距、PUSH 點擊率級距、OB 接通率級距	人均消費金額	-

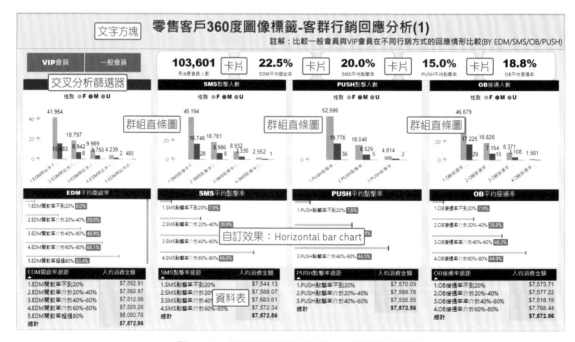

^ 圖 4-12　客群行銷回應分析 (1) 視覺效果設計

客群行銷回應分析 (2)

邏輯設計及適合場景

在客群行銷回應分析 (2) 的儀表板內容，除了列舉了 4 項行銷回應的方式之外，主體是以一般會員跟 VIP 會員的交叉分析篩選，還有年齡級距的交叉分析篩選開始。並以入會管道及職業搭配兩兩行銷回應方式，藉由散佈圖的資料探索分析，來找出行銷回應表現佳的客群及其年齡層。通常散佈圖的表現好或不好，會以越靠近右上角為基準，形狀愈大表示其值愈大。

該儀表板的場景，同樣非常適合具有行銷背景的人，除了透過一般會員或 VIP 會員的篩選之外，還能利用年齡級距篩選來找出細一層的客群行銷偏好管道等。綜合上述客群行銷回應分析 (1)(2) 內容，我們不能忽視行銷對外的結果，因為以大數據分析來說，精準行銷除了是以找到潛力名單為基準，這些潛力名單的接觸通路也同樣必須要考量，這樣才能精確計算出每一筆名單、每一位客戶的習性，對於行銷成本及效益才有幫助，否則就會有浪費行銷成本的情形發生。

另外，筆者在此特別使用了黑色（深色）背景，以對比強烈方式來設計該儀表板，增加閱讀的吸睛度。

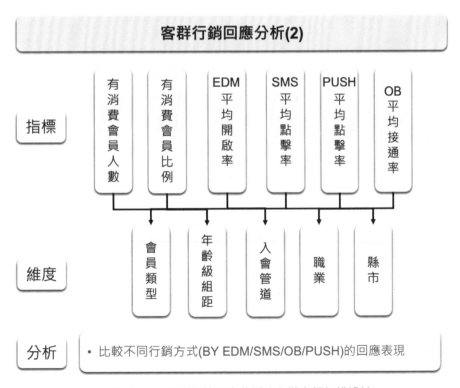

∧ 圖 4-13　客群行銷回應分析 (2) 儀表板架構設計

使用哪些主要欄位及視覺效果設計

製作範例「PowerBI_ch4_【案例一】客戶 Insight 應用」的「客群行銷回應分析 (2)」儀表板，會用到哪些視覺效果及主要欄位呢？讀者請參考表 4-7 及圖 4-14 所示。

> **表 4-7** 客群行銷回應分析 (2) 使用視覺效果

視覺效果名稱	主要資料欄位設計		備註
	型態：類別或文字	型態：計數、值或量值	
文字方塊	零售客戶 360 度圖像標籤 - 客群行銷回應分析 (2)	-	-
交叉分析篩選器	會員類型、年齡級距	-	關閉全選功能
卡片	-	有消費會員人數、有消費會員比例、EDM 平均開啟率、SMS 平均點擊率、PUSH 平均點擊率、OB 平均接通率	-
散佈圖	入會管道、職業	EDM 平均開啟率、OB 平均接通率、SMS 平均點擊率、PUSH 平均點擊率、總購物籃數	-
地圖	縣市	OB 平均接通率	-

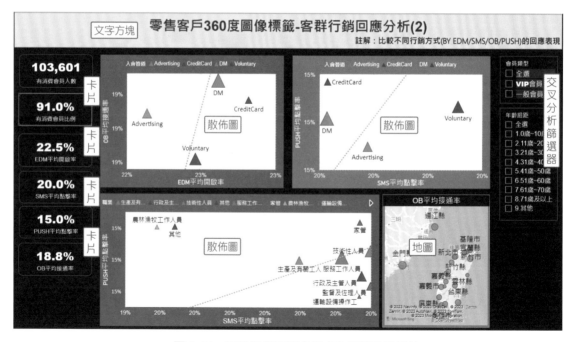

∧ **圖 4-14** 客群行銷回應分析 (2) 視覺效果設計

單一客戶視圖 (1)

邏輯設計及適合場景

單一客戶視圖,其實就是瞭解一個客戶全方位的資訊。在單一客戶視圖 (1) 的儀表板內容中,集結了關於單一客戶的許多維度資訊,總共可以區分成 6 大類,分別是基本輪廓、會員資訊、消費貢獻、行銷接觸通路情形、消費軌跡與消費偏好等,可說是整合一位客戶的所有資料在單一儀表板上。

該儀表板的適合場景非常廣泛,例如置於客服的通路,無論是 OB 或 IB 時都可以讓電銷人員可以掌握客戶近期資訊與歷程內容;行銷系統,透過查詢可以驗證行銷名單的正確性,檢核行銷條件是否有誤。

整個儀表板的設計使用了許多文字方塊來進行排版跟美化,而主體更是利用會員編號當作篩選器,只要點選某一欲查詢的會員編號,其全方位資訊就能夠快速呈現出來,是能迅速瞭解客戶的管道之一。

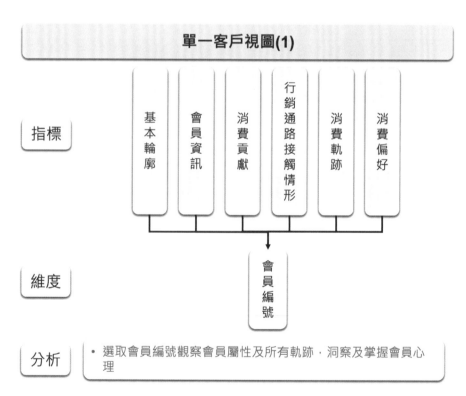

∧ 圖 4-15 單一客戶視圖 (1) 儀表板架構設計

使用哪些主要欄位及視覺效果設計

製作範例「PowerBI_ch4_【案例一】客戶 Insight 應用」的「單一客戶視圖 (1)」儀表板，會用到哪些視覺效果及主要欄位呢？讀者請參考表 4-8 及圖 4-16 所示。

> **表 4-8** 單一客戶視圖 (1) 使用視覺效果

視覺效果名稱	主要資料欄位設計		備註
	型態：類別或文字	型態：計數、值或量值	
文字方塊	零售客戶 360 度圖像標籤 - 單一客戶視圖 (1)	-	-
交叉分析篩選器	會員編號	-	關閉全選功能
文字方塊	基本輪廓、會員資訊、消費貢獻、行銷接觸通路情形、消費軌跡、消費偏好	-	區分單一客戶視圖結構分類
卡片	性別、職業、生日、星座、婚姻狀態、會員類型、入會管道、入會日期、到期日期、是否曾消費、最近消費日、最早消費日、EDM 開啟率級距、簡訊點擊率級距、PUSH 點擊率級距、OB 接通率級距	年齡、總紅利點數、總消費金額、總訂單筆數、平均每筆訂單消費金額	-
圖片	-	-	圖片
資料表	交易年月	總訂單筆數、總消費金額	顯示總計
環圈圖	產品名稱	總消費金額	提示「總購物籃數」

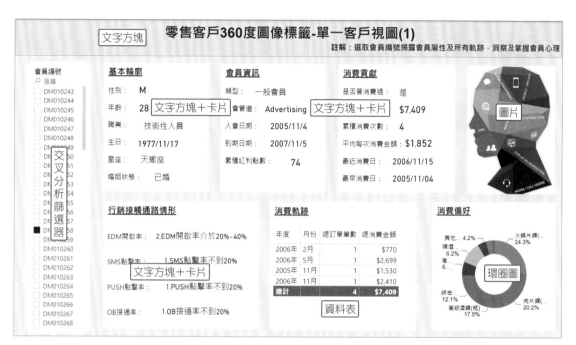

△ 圖 4-16 單一客戶視圖 (1) 視覺效果設計

單一客戶視圖 (2)

邏輯設計及適合場景

單一客戶視圖 (2) 的儀表板內容,將原本 6 大類資訊整合為 4 大類(會員 INSIGHT、產品偏好分佈、行銷接觸與消費軌跡),在呈現上做了些許調整,使用自訂效果功能 EnlightenDataStory,該功能將 4 大類資訊以**敘述故事方式**來介紹單一客戶資訊,使用這樣的方式更為貼切。

主體仍是利用會員編號當作篩選器,只要點選某一欲查詢的會員編號,關於會員的全方位資訊就能夠快速呈現並敘述出來,也是能迅速瞭解客戶的一種管道。

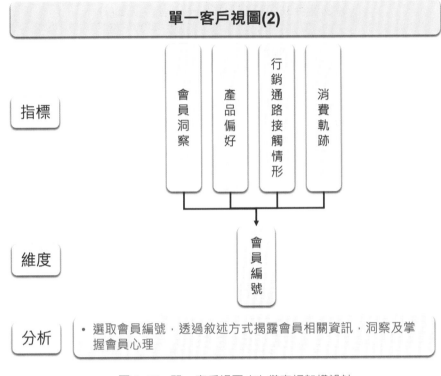

△ **圖 4-17** 單一客戶視圖 (2) 儀表板架構設計

使用哪些主要欄位及視覺效果設計

製作範例「PowerBI_ch4_【案例一】客戶 Insight 應用」的「單一客戶視圖 (2)」儀表板，會用到哪些視覺效果及主要欄位呢？讀者請參考表 4-9 及圖 4-18 所示。

EnlightenDataStory，可以用來分析敘述一段文章的「重點」，而「重點」的組成就是資料內的重要欄位，而敘述重點內容就會用 # 隔開區分，前後就以適合的對應內容來包覆。另外，該範例重點就是在會員 INSIGHT 與消費軌跡部份，我們可以從會員 INSIGHT 認識該名會員，又可從消費軌跡得知該會員與我們的互動是否頻繁。舉例來說，若有最近 1 筆消費軌跡存在 2 年前，與最近 1 筆消費軌跡存在 15 天前，後者的價值應該比前者價值還高。

> 表 4-9 單一客戶視圖 (2) 使用視覺效果

視覺效果名稱	主要資料欄位設計		備註
	型態：類別或文字	型態：計數、值或量值	
文字方塊	零售客戶 360 度圖像標籤 - 單一客戶視圖 (2)	-	-
交叉分析篩選器	會員編號	-	關閉全選功能
文字方塊	會員 INSIGHT、產品偏好分佈、行銷接觸、消費軌跡	-	區分單一客戶視圖結構分類
EnlightenDataStory	會員編號：#, 性別是 #, 年齡 # 歲, 職業是 #, # 人, 生日是在 #, 星座屬於 #, 目前婚姻狀態是 #。該會員是在 # #, 透過 # 管道註冊加入會員, 會員等級為 #, 目前累積消費金額為 #, 累積消費訂單數量 #, 累積紅利點數 #。	-	使用自訂效果 (# 表示參數欄位)
EnlightenDataStory	該會員對於行銷方式的回應情況, EDM 整體開啟率：#, 簡訊內容整體點擊率：#, APP 推播訊息整體點擊率：#, 電話行銷（OB）整體接通率：#。	-	使用自訂效果 (# 表示參數欄位)
環圈圖	產品名稱	總消費金額	提示「購買數量」
群組直條圖	交易年月、星期幾交易	總消費金額、總購物籃數	-

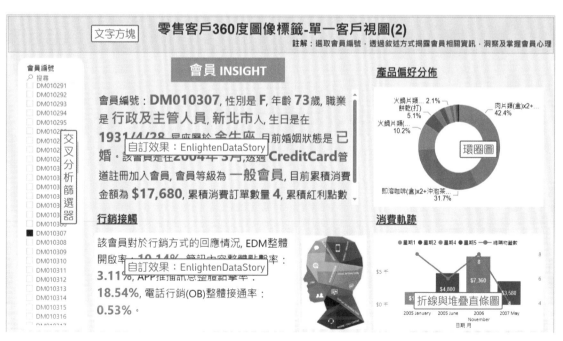

∧ 圖 4-18 單一客戶視圖 (2) 視覺效果設計

4.2 【案例二】信用卡消費數據分析

範例檔：PowerBI_ch4_【案例二】信用卡消費數據分析

信用卡整體消費分析

邏輯設計及適合場景

該儀表板的設計是以 3 個信用卡總體指標為主要出發點，搭配 2 個維度進行分析。整體來說，我們可以先從總體指標初步瞭解信用卡消費的表現之後，再接續瞭解後續不同主題的信用卡消費分析儀表板。

整個儀表板的場景適合提供剛接觸此業務的人員，協助其能夠快速瞭解關於信用卡消費分析的概況。

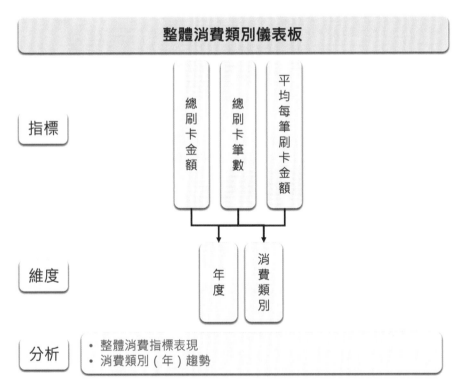

△ **圖 4-19** 整體消費類別分析儀表板架構設計

使用哪些主要欄位及視覺效果設計

製作範例「PowerBI_ch4_【案例二】信用卡消費數據分析」的「整體消費類別分析」儀表板，會用到哪些視覺效果及主要欄位呢？請參考表 4-10 及圖 4-20 所示。

> **表** 4-10　整體消費類別分析使用視覺效果

視覺效果名稱	主要資料欄位設計		備註
	型態：類別或文字	型態：計數、值或量值	
文字方塊	標題：信用卡主題分析 - 整體消費類別分析	-	-
卡片	-	總刷卡金額、總刷卡筆數、平均每筆刷卡金額	-
折線圖	年份	總刷卡金額、總刷卡筆數、平均每筆刷卡金額	開啟篩選功能
群組橫條圖	類別	總刷卡金額、總刷卡筆數、平均每筆刷卡金額	開啟篩選功能

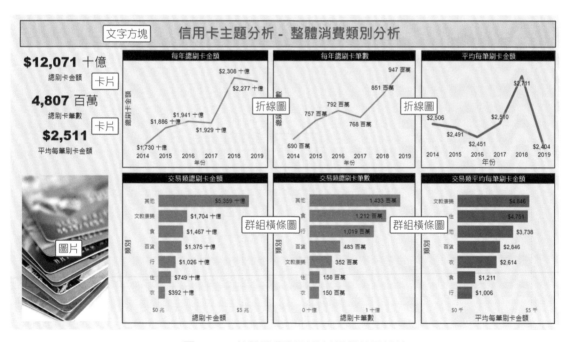

∧ **圖** 4-20　整體消費類別分析視覺效果設計

信用卡總消費金額分析

邏輯設計及適合場景

該儀表板的設計是以總刷卡金額指標為主,搭配 3 個維度進行分析。整體來說,我們可以接續上述「整體消費類別分析」的儀表板,搭配消費類別的交叉分析篩選器,進一步瞭解不同消費類別的年趨勢及年月趨勢。例如百貨類,可能都會在每年的 10 月呈現高峰,這代表著百貨公司活動的開始;還有其他類,在每年的 5 月也會有高峰產生,這代表著繳稅季的來到。因此從各個消費類別的趨勢,回推到實務上情況,我們就可以約略洞察解讀數據結果。

該儀表板的場景適合提供行銷人員,協助其能夠快速瞭解信用卡市場消費分析的趨勢變化。

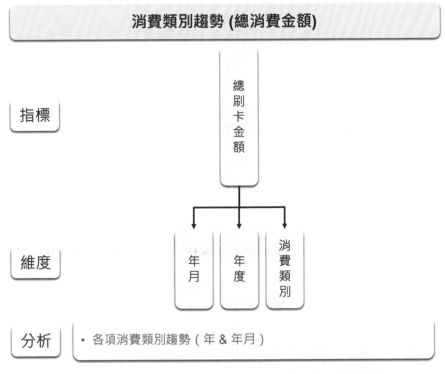

△ 圖 4-21　消費類別趨勢(總消費金額)儀表板架構設計

使用哪些主要欄位及視覺效果設計

製作範例「PowerBI_ch4_【案例二】信用卡消費數據分析」的「消費類別趨勢（總消費金額）」儀表板，會用到哪些視覺效果及主要欄位呢？請參考表 4-11 及圖 4-22 所示。

> **表 4-11** 消費類別趨勢（總消費金額）使用視覺效果

視覺效果名稱	主要資料欄位設計		備註
	型態：類別或文字	型態：計數、值或量值	
文字方塊	標題：信用卡主題分析 - 消費類別趨勢（總消費金額）	-	-
交叉分析篩選器	類別	-	關閉全選功能
折線圖	年份、年月、類別	總刷卡金額	-
折線與堆疊直條圖	年份、類別	總刷卡金額	關閉與其他圖表互動編輯

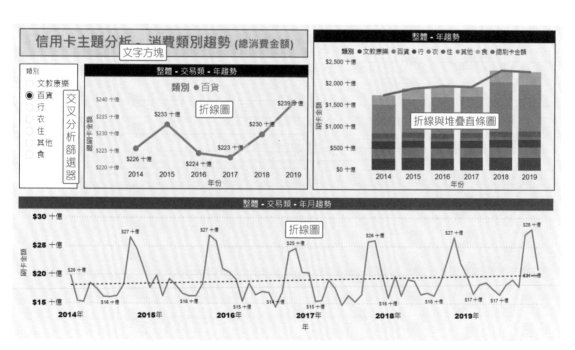

∧ **圖 4-22** 消費類別趨勢（總消費金額）視覺效果設計

信用卡總消費筆數分析

邏輯設計及適合場景

承上，此儀表板的設計換為以總刷卡筆數指標為主，搭配 3 個維度進行分析。同樣地，我們可以接續前述「整體消費類別分析」的儀表板，搭配消費類別的交叉分析篩選器，進一步瞭解不同消費類別的年趨勢及年月趨勢。像是百貨類，可能都會在每年的 10 月 -12 月都是維持高檔情況，這代表著百貨公司活動開跑；另外，其他類可以知道在上述每年 5 月刷卡總金額是高檔情況之下，總刷卡筆數卻不是高檔，更加說明了 5 月刷卡總金額增加是因為繳稅季的關係。

儀表板的場景同樣適合提供行銷人員，協助其能夠快速瞭解信用卡市場消費分析的趨勢變化。

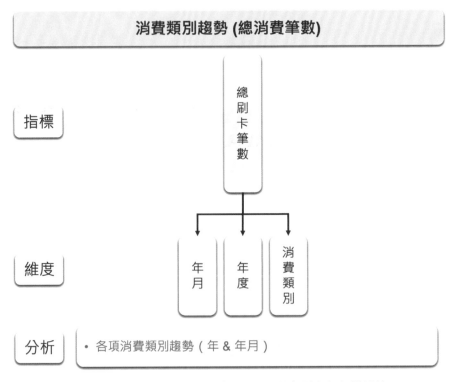

△ 圖 4-23　消費類別趨勢（總消費筆數）儀表板架構設計

🗋 使用哪些主要欄位及視覺效果設計

製作範例「PowerBI_ch4_【案例二】信用卡消費數據分析」的「消費類別趨勢（總消費筆數）」儀表板，會用到哪些視覺效果及主要欄位呢？請參考表 4-12 及圖 4-24 所示。

> **表 4-12**　消費類別趨勢（總消費筆數）使用視覺效果

視覺效果名稱	主要資料欄位設計		備註
	型態：類別或文字	型態：計數、值或量值	
文字方塊	標題：信用卡主題分析 - 消費類別趨勢（總消費筆數）	-	-
交叉分析篩選器	類別	-	關閉全選功能
折線圖	年份、年月、類別	總刷卡筆數	-
折線與堆疊直條圖	年份、類別	總刷卡筆數	關閉與其他圖表互動編輯

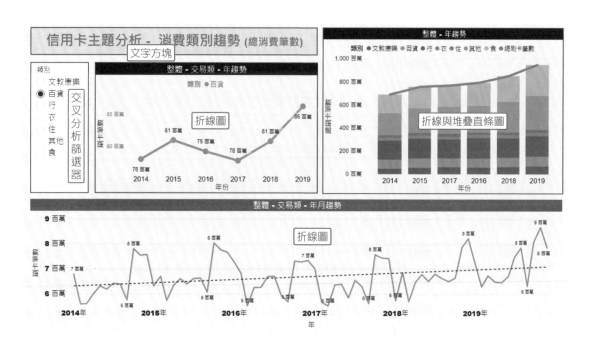

∧　**圖 4-24**　消費類別趨勢（總消費筆數）視覺效果設計

信用卡平均消費分析

邏輯設計及適合場景

接下來是信用卡平均消費分析的儀表板,此設計是以平均每筆刷卡金額指標為主,搭配 3 個維度進行分析。使用平均的意義是,我們除了可以比較歷年的平均每筆刷卡金額變化之外;還能瞭解不同消費類別的平均貢獻程度。

例如百貨類跟食類的平均每筆貢獻金額,就不會比住類或文教康樂類來得多。該儀表板的場景適合提供行銷人員,其可以綜合前述的「消費類別趨勢(總消費金額)」儀表板和「消費類別趨勢(總消費筆數)」儀表板來分析整體跟平均的差異性。

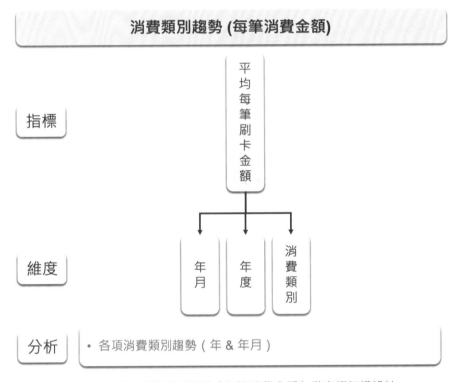

△ 圖 4-25　消費類別趨勢(每筆消費金額)儀表板架構設計

使用哪些主要欄位及視覺效果設計

製作範例「PowerBI_ch4_【案例二】信用卡消費數據分析」的「消費類別趨勢（每筆消費金額）」儀表板，會用到哪些視覺效果及主要欄位呢？請參考表 4-13 及圖 4-26 所示。

> **表 4-13** 消費類別趨勢（每筆消費金額）使用視覺效果

視覺效果名稱	主要資料欄位設計		備註
	型態：類別或文字	型態：計數、值或量值	
文字方塊	標題：信用卡主題分析 - 消費類別趨勢（每筆消費金額）	-	-
交叉分析篩選器	類別	-	關閉全選功能
折線圖	年份、年月、類別	平均每筆刷卡金額	-
折線與堆疊直條圖	年份、類別	平均每筆刷卡金額	關閉與其他圖表互動編輯

∧ **圖 4-26** 消費類別趨勢（每筆消費金額）視覺效果設計

信用卡地區消費綜合分析

邏輯設計及適合場景

該儀表板的設計是以區域為出發點,同樣使用 3 個信用卡總體指標,搭配 3 個維度進行分析。我們可以將最左邊的圖表物件視為篩選器功能的一種,利用互動篩選,可以一次觀察,區域、縣市和歷年的趨勢。

該儀表板的場景適合提供行銷人員,使其能夠知道哪一個區域、縣市的刷卡動能不足時,快速創建行銷活動促進刷卡動能。

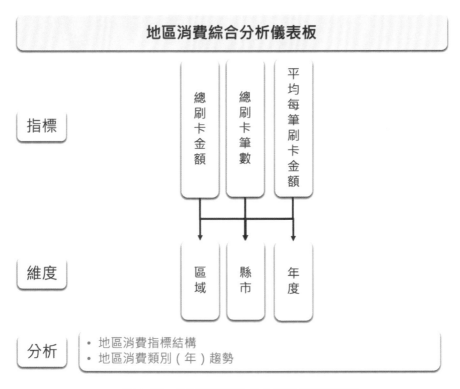

△ 圖 4-27　地區消費綜合分析儀表板架構設計

使用哪些主要欄位及視覺效果設計

製作範例「PowerBI_ch4_【案例二】信用卡消費數據分析」的「地區消費綜合分析」儀表板，會用到哪些視覺效果及主要欄位呢？請參考表 4-14 及圖 4-28 所示。

> **表 4-14** 地區消費綜合分析使用視覺效果

視覺效果名稱	主要資料欄位設計		備註
	型態：類別或文字	型態：計數、值或量值	
文字方塊	標題：信用卡主題分析 - 地區消費綜合分析	-	-
瀑布圖	區域	總刷卡金額、總刷卡筆數	開啟篩選功能
群組直條圖	區域	平均每筆刷卡金額	開啟篩選功能
群組直條圖	縣市	總刷卡金額、總刷卡筆數、平均每筆刷卡金額	-
折線圖	縣市	總刷卡金額、總刷卡筆數、平均每筆刷卡金額	

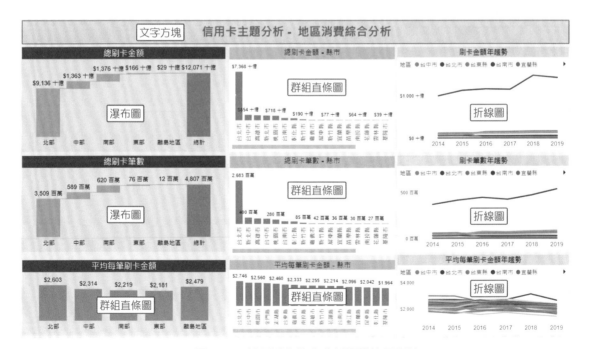

^ **圖 4-28** 地區消費綜合分析視覺效果設計

信用卡地區消費類別分析

邏輯設計及適合場景

該儀表板的設計是以使用者角度的探索式分析為主，使用 3 個信用卡總體指標，搭配 3 個維度進行分析。

整體來說，我們可以利用 2 個交叉分析篩選器，先鎖定觀察時間點，再選擇觀察的區域及縣市，可以從區域的刷卡金額、刷卡筆數進行分析，知道哪一個區域的刷卡金額跟刷卡筆數的縣市是否有差異，一方面又可以知道各個區域或縣市的刷卡金額及刷卡筆數的類別結構。最後輔以年齡結構得知另一個維度的資訊。

該儀表板的場景適合提供行銷（分析）人員，使其能夠利用探索式分析方式，快速瞭解整個地區信用卡消費結構資訊。

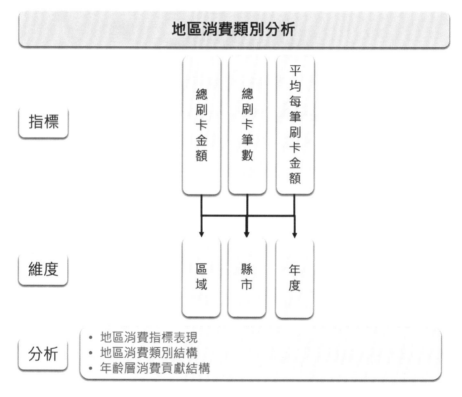

∧ 圖 4-29　地區消費類別分析儀表板架構設計

使用哪些主要欄位及視覺效果設計

製作範例「PowerBI_ch4_【案例二】信用卡消費數據分析」的「地區消費類別分析」儀表板，會用到哪些視覺效果及主要欄位呢？請參考表 4-15 及圖 4-30 所示。

> **表 4-15** 地區消費綜合分析使用視覺效果

視覺效果名稱	主要資料欄位設計		備註
	型態：類別或文字	型態：計數、值或量值	
文字方塊	標題：信用卡主題分析-地區消費類別分析	-	-
交叉分析篩選器	年份	-	-
交叉分析篩選器	區域、縣市	-	
卡片	-	總刷卡金額、總刷卡筆數、平均每筆刷卡金額	
地圖	年份	平均每筆刷卡金額	-
圓形圖	縣市	總刷卡金額、總刷卡筆數	開啟篩選功能
環圈圖	類別	總刷卡金額、總刷卡筆數	開啟篩選功能
群組直條屠	年齡組距	總刷卡金額	

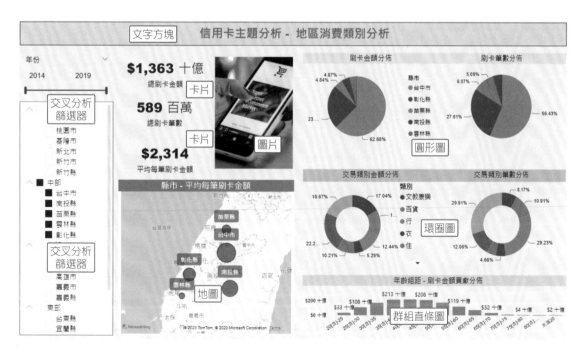

∧ **圖 4-30** 地區消費類別分析視覺效果設計

信用卡地區年齡層消費分析

邏輯設計及適合場景

該儀表板的設計是以縣市為主要出發點,同樣利用 3 個信用卡總體指標,搭配 4 個維度進行分析。

這裡著重在年齡層及消費類別的交叉分析,我們可以透過篩選器切換不同縣市之後,觀察不同縣市的年齡層及消費類別的交叉刷卡貢獻分佈,從中找出需要加強刷卡動能的年齡層。

該儀表板的場景適合提供行銷(分析)人員,協助其分析年齡層與消費類別的分佈,找出差異之後,設計相關行銷活動提升刷卡動能。

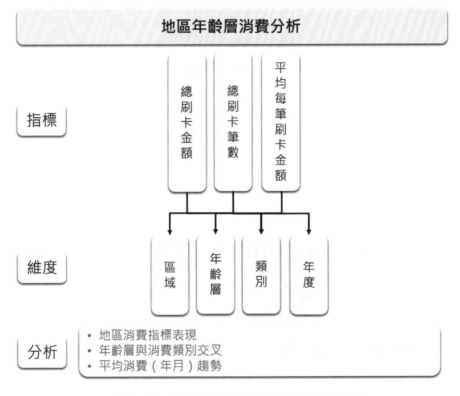

^ 圖 4-31 地區年齡層消費分析儀表板架構設計

使用哪些主要欄位及視覺效果設計

製作範例「PowerBI_ch4_【案例二】信用卡消費數據分析」的「地區年齡層消費分析」儀表板，會用到哪些視覺效果及主要欄位呢？請參考表 4-16 及圖 4-32 所示。

> **表 4-16** 地區年齡層消費分析使用視覺效果

視覺效果名稱	主要資料欄位設計		備註
	型態：類別或文字	型態：計數、值或量值	
文字方塊	標題：信用卡主題分析 - 地區年齡層消費分析	-	-
交叉分析篩選器	年份、縣市	-	-
卡片	-	總刷卡金額、總刷卡筆數、平均每筆刷卡金額	-
矩陣	年齡層、類別	總刷卡金額	開啟資料橫條設定
折線圖	年月	平均每筆刷卡金額	-

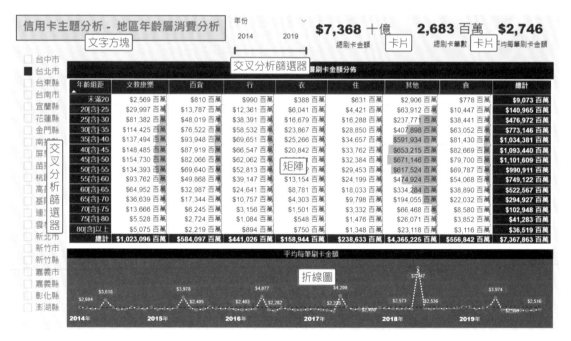

> **圖 4-32** 地區年齡層消費分析視覺效果設計

信用卡消費類別軌跡分析

邏輯設計及適合場景

該儀表板的設計仍以 3 個信用卡總體指標為主。

這裡著重在消費類別的軌跡分析，因此使用散佈圖搭配播放軸的方式進行呈現。橫軸是總刷卡筆數，縱軸是總刷卡金額，而圖形大小則為平均每筆刷卡金額。透過啟用播放軸，我們可以瞭解每一個縣市的消費類別在歷年來的變化軌跡。

儀表板的場景適合提供行銷（分析）人員或研究人員，協助其能夠瞭解歷年來公司的消費分析軌跡。

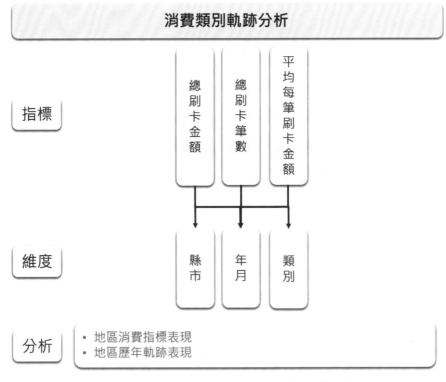

∧ 圖 4-33 消費類別軌跡分析儀表板架構設計

使用哪些主要欄位及視覺效果設計

製作範例「PowerBI_ch4_【案例二】信用卡消費數據分析」的「消費類別軌跡分析」儀表板，會用到哪些視覺效果及主要欄位呢？請參考表 4-17 及圖 4-34 所示。

> **表 4-17** 消費類別軌跡分析使用視覺效果

視覺效果名稱	主要資料欄位設計		備註
	型態：類別或文字	型態：計數、值或量值	
文字方塊	標題：信用卡主題分析 - 消費類別軌跡分析	-	-
卡片	-	總刷卡金額、總刷卡筆數、平均每筆刷卡金額	-
散佈圖	消費類別	總刷卡金額、總刷卡筆數、平均每筆刷卡金額	開啟播放軸設定（年月）

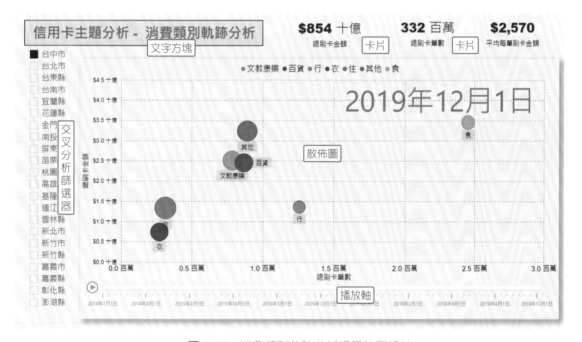

∧ **圖 4-34** 消費類別軌跡分析視覺效果設計

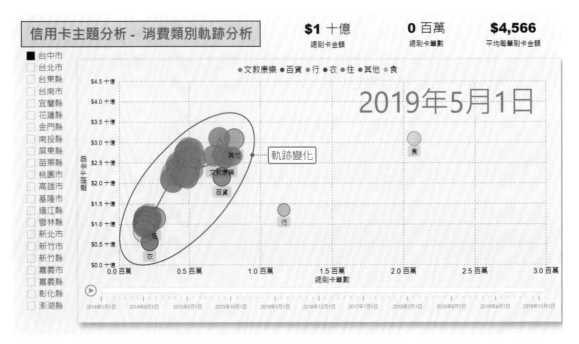

∧ 圖 4-35 消費類別軌跡變化

4.3　【案例三】電銷業務營運成效分析

範例檔：PowerBI_ch4_【案例三】電銷業務營運成效分析

電銷業務整體績效檢視

邏輯設計及適合場景

該儀表板的設計是以電銷業務表現關注的 9 個指標為主，為觀察不同月份電銷執行績效表現，因此將「年度月份」此條件設定為交叉分析篩選器。

該儀表板的設計上半部以展示年初對於今年度及月度放款設定的目標數為主，次以揭示年初至今累計總放款金額及目標達成率實際數，以了解執行結果是否達成預期目標；下半部則以「年度月份」為交叉篩選器，下探至各月份觀察 9 個指標表現，另追蹤放款金額貢獻來源，分析主要來自哪些電銷活動轉化，做為後續活動規劃方向參考。

此場景適合銀行電銷（銷售貸款類產品）績效管理人員，檢視電銷業務執行現況，進一步可與每月活動預估放款目標進行比較，及時因應現況，迅速進行管理策略調整，確保可達成全年度業務目標。

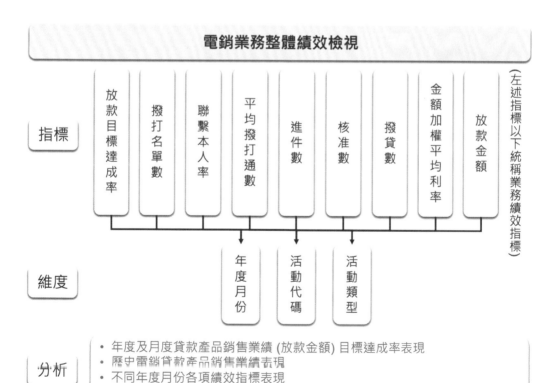

△ 圖 4-36　電銷業務整體績效檢視儀表板架構設計

使用哪些主要欄位及視覺效果設計

製作範例「PowerBI_ch4_【案例三】電銷業務營運成效分析」的「電銷業務績效 Overview」儀表板，會使用到哪些視覺效果及主要欄位呢？請參考表 4-18 及圖 4-37 所示。

> **表 4-18** 電銷業務績效 Overview 使用視覺效果

視覺效果名稱	主要資料欄位設計		備註
	型態：類別或文字	型態：計數、值或量值	
文字方塊	標題：電銷主題分析－電銷業務整體績效檢視	-	-
DailGauge（針盤測量儀）	-	年初至今總放款金額、年度放款金額目標達成率	-
折線與群組直條圖	年度月份	放款金額、金額加權平均利率	-
交叉分析篩選器	年度月份	-	關閉「折線與群組直條圖」及「DailGauge」編輯互動功能
卡片	-	年度放款目標數、月度放款目標數、目標達成率、撥打名單數、聯繫本人率、平均撥打通數、進件數、核准數、撥貸數	-
Thermometer（溫度計）	-	年初至今總放款金額	-
圓形圖	活動類型	放款金額（佰萬元）	關閉「折線與群組直條圖」及「DailGauge」編輯互動功能
資料表	活動代碼、活動起日	活動數量、放款金額（佰萬元）	1. 關閉「折線與群組直條圖」及「DailGauge」編輯互動功能 2. 依放款金額（佰萬元）遞減排序

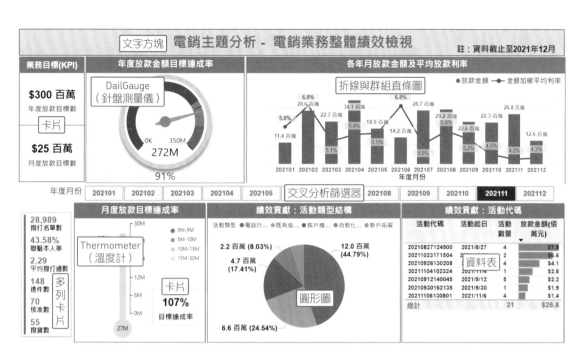

CHAPTER 1
CHAPTER 2
CHAPTER 3
CHAPTER 4

△ 圖 4-37　電銷業務整體績效檢視視覺效果設計

▽ 電銷活動效關鍵指標 Overview

▢ 邏輯設計及適合場景

該儀表板的設計首以觀察與電銷業務績效表現高度掛勾指標（名單轉化率）的表現，並將轉化分拆為 5 個關鍵環節（名單使用、聯繫本人、客戶申請進件、授信審查及最終實際撥貸），再輔以「活動年月」檢視不同月份推出活動於各項指標表現。

上述 5 個關鍵環節，相應指標詳如圖 4-38 所示，依序為：名單使用率、聯繫本人率、進件率、風控通過率及撥貸率；實務上，活動推出後需要時間發酵，據此結合 MOB 檢視各指標累計趨勢，本案例各項指標在推出 4 個月後趨於穩定，一般實務會觀察至 6 個月。

場景適合銀行貸款商品設計人員，檢視各月推出活動於 6 指標表現，檢視關鍵環節是否要調整，並視需要安排跨單位（電銷、授信審查、行銷）溝通事宜。

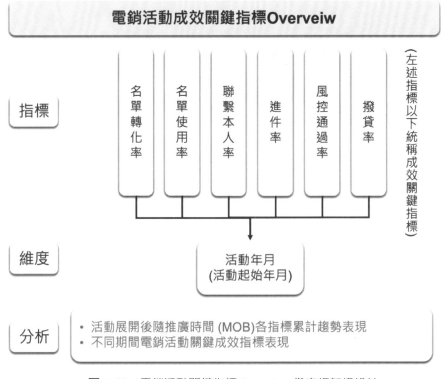

△ 圖 4-38　電銷活動關鍵指標 Overview 儀表板架構設計

📄 使用哪些主要欄位及視覺效果設計

製作範例「PowerBI_ch4_【案例三】電銷業務營運成效分析」的「電銷活動關鍵指標 Overview」儀表板,會用到哪些視覺效果及主要欄位呢?請參考表 4-19 及圖 4-39 所示。

> **表 4-19** 電銷活動關鍵指標 Overview 使用視覺效果

視覺效果名稱	主要資料欄位設計		備註
	型態:類別或文字	型態:計數、值或量值	
文字方塊	標題:電銷主題分析－電銷活動成效關鍵指標 Overview	-	-
交叉分析篩選器	活動年月	-	開啟全選功能
折線圖	MOB(活動累計月數)	名單轉化率、名單使用率、聯繫本人率、進件率、風控通過率、撥貸率	-

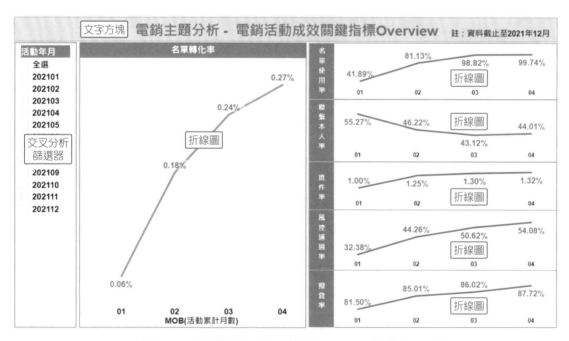

∧ **圖 4-39** 電銷活動成效關鍵指標 Overview 視覺效果設計

各月活動成效檢視

邏輯設計及適合場景

該儀表板的設計是電銷活動成效關鍵指標儀表板的延伸，保留原有架構，新增 3 個指標：活動數量、名單總數及名單數佔比。

該儀表板主要是讓商品設計人員，以相同績效表現期（活動累計月數）為基準，進行不同時期活動成效比較。

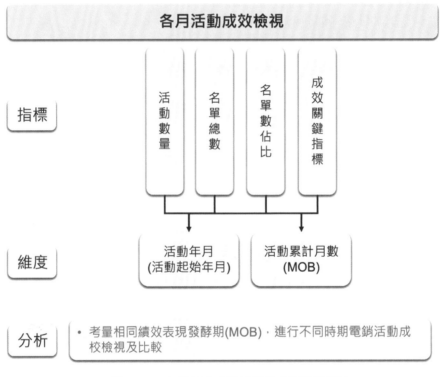

圖 4-40　各月活動成效檢視儀表板架構設計

使用哪些主要欄位及視覺效果設計

製作範例「PowerBI_ch4_【案例三】電銷業務營運成效分析」的「各月活動成效檢視」儀表板，會用到哪些視覺效果及主要欄位呢？請參考表 4-20 及圖 4-41 所示。

> **表 4-20** 各月活動成效檢視使用視覺效果

視覺效果名稱	主要資料欄位設計		備註
	型態：類別或文字	型態：計數、值或量值	
文字方塊	標題：電銷主題分析-各月活動成效檢視	-	-
折線與群組直條圖	活動年月	活動名單數、名單轉化率	-
交叉分析篩選器	MOB(活動累計月數)	-	設定單一選取
矩陣	活動年月	活動數量、名單總數、名單數佔比、名單轉化率、名單使用率、聯繫本人率、進件率、風控通過率、撥貸率	1. 依名單轉化率遞減排序 2. 開啟資料列小計功能

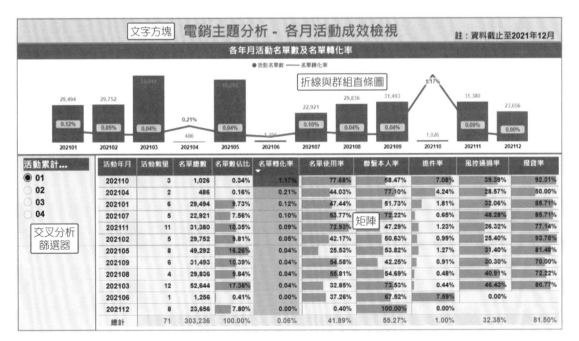

> **圖 4-41** 各月活動成效檢視視覺效果設計

各類型活動名單成效分析

邏輯設計及適合場景

該儀表板以活動類型做為設計出發點,進行不同類型活動名單轉化率比較。

該儀表板主要是讓電銷業務管理人員,可快速識別有效活動類型名單,訂定相應處理時效要求,例如:舊戶線上申請貸款斷點名單活動,名單量僅佔全年度活動名單 0.19%,而名單轉化率居首,顯示該批名單存在資金需求,申請貸款意圖高,應為各銀行著力客戶,建議於名單導入電催系統當日即完成客戶電訪;另亦可做為商品設計人員於後續創建活動時,可以著力在哪個類別的依據。

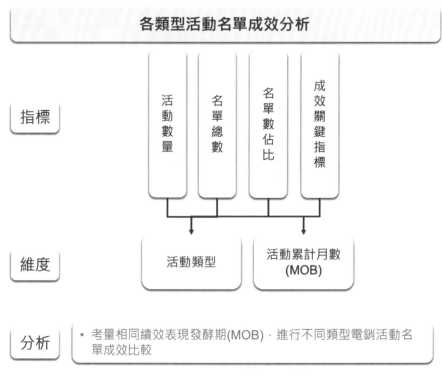

∧ 圖 4-42 各類型名單成效分析儀表板架構設計

使用哪些主要欄位及視覺效果設計

製作範例「PowerBI_ch4_【案例三】電銷業務營運成效分析」的「各類型名單成效分析」儀表板，會用到哪些視覺效果及主要欄位呢？請參考表 4-21 及圖 4-43 所示。

> **表 4-21** 各類型名單成效分析使用視覺效果

視覺效果名稱	主要資料欄位設計		備註
	型態：類別或文字	型態：計數、值或量值	
文字方塊	標題：電銷主題分析 - 各類型活動名單成效分析	-	-
折線圖	MOB(活動累計月數)	名單轉化率	圖例：活動類型
交叉分析篩選器	MOB(活動累計月數)	-	設定單一選取
矩陣	MOB(活動累計月數)	活動數量、名單總數、名單數佔比、名單轉化率、名單使用率、聯繫本人率、進件率、風控通過率、撥貸率	1. 關閉「折線圖」編輯互動功能 2. 依名單轉化率遞減排序 3. 開啟資料列小計功能 4. 開啟資料橫條功能

^ **圖 4-43** 各類型名單成效分析視覺效果設計

每檔活動名單績效追蹤報表

邏輯設計及適合場景

該儀表板設計以承接各月活動績效檢視及各類型活動名單成效分析,進一步下探至每檔活動績效追蹤。

場景適合行銷人員,使用交叉分析篩選器分析,得更進一步比較相同活動類型,於不同時期活動設計差異(例如:文宣內容設計、目標受眾設定、…等活動要素),於 9 項業務績效指標、6 項成效關鍵指標表現差異,做為進行相關行銷活動設計環結的調整方向之參考依據。

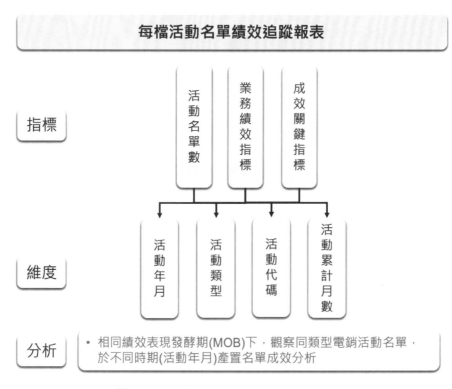

圖 4-44 每檔活動名單績效追蹤報表架構設計

使用哪些主要欄位及視覺效果設計

製作範例「PowerBI_ch4_【案例三】電銷業務營運成效分析」的「每檔活動名單績效追蹤報表」儀表板,會用到哪些視覺效果及主要欄位呢?請參考表 4-22 及圖 4-45 所示。

> 表 4-22 每檔活動名單績效追蹤報表使用視覺效果

視覺效果名稱	主要資料欄位設計		備註
	型態：類別或文字	型態：計數、值或量值	
文字方塊	標題：每檔活動名單績效追蹤報表	-	-
交叉分析篩選器	活動累計月數、活動年月、活動類型	-	-
卡片	-	名單轉化率、名單使用率、聯繫本人率、進件率、風控通過率、撥貸率	-
多列卡片	-	活動名單數、已撥打名單數、名單使用率、進件數、核准數、撥貸數、放款金額（佰萬）、件均（萬）、加權平均利率	-
資料表	活動代碼、名單上傳日	名單轉化率、活動名單數、已撥打名單數、名單使用率、撥打電話數、聯繫本人率、進件數、進件率、核准數、風控通過率、撥貸數、件均（萬）、加權平均利率	1. 依名單轉化率遞減排序 2. 開啟總計功能 3. 開啟資料橫條功能

∧ 圖 4-45 每檔活動名單績效追蹤報表視覺效果設計

案件狀態追蹤

邏輯設計及適合場景

該儀表板設計著重在跟蹤案件狀態，並針對特定狀態碼進行是否存在活動代碼集中度檢視，或做為輔助關鍵議題跟蹤使用。

該儀表板將案件銷售狀態分拆為「客戶進件」及「撥打電話」，並藉由案件狀態交叉篩選器，篩選特定狀態後，行銷人員搭配「案件狀態細項檢視」資料表及「案件來源：活動代碼」桑基圖，即可檢視帶有特定狀態碼案件量及其案件來源。以圖 4-46 說明，例如：案件狀態為 5_ 成功進件且狀態碼為 2X- 黑名單，若集中於某特定活動代碼，即可進一步檢視該活動名單產置條件並進行調整，降低電銷人員對無效名單進行銷售情形發生。產品設計人員亦可針對特定議題，例如：案件狀態為 5_ 成功進件且狀態碼為 2B- 已核未撥，進行電話回訪作業，確認客戶貸款核准後卻不申請撥款的考量因素，做為產品設計人員後續產品設計的參考線索。

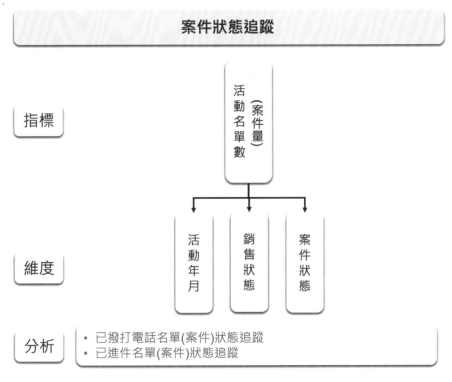

△ **圖 4-46** 案件狀態追蹤儀表板架構設計

📄 使用哪些主要欄位及視覺效果設計

製作範例「PowerBI_ch4_【案例三】電銷業務營運成效分析」的「案件狀態追蹤」儀表板，會用到哪些視覺效果及主要欄位呢？請參考表 4-23 及圖 4-47 所示。

> **表 4-23** 案件狀態追蹤使用視覺效果

視覺效果名稱	主要資料欄位設計		備註
	型態：類別或文字	型態：計數、值或量值	
文字方塊	標題：電銷主題分析 - 案件狀態追蹤	-	-
交叉分析篩選器：銷售狀態	銷售狀態	-	-
交叉分析篩選器：活動年月	活動年月	-	關閉「折線圖」及「100% 堆疊直條圖」編輯互動功能
交叉分析篩選器：案件狀態	案件狀態	-	關閉「折線圖」及「100% 堆疊直條圖」編輯互動功能
折線圖	活動年月	案件量	-
100% 堆疊直條圖	活動年月	案件量佔比	圖標：狀態分類
資料表：案件狀態細項檢視	狀態碼	案件量、案件量佔比	-
資料表：電銷名單資訊	電銷人員、客戶姓名、聯絡號碼	-	-
Sankey（桑基圖）	狀態碼、活動代碼	案件量	-

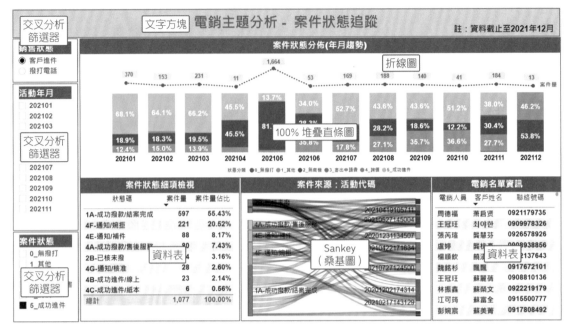

* 電銷名單內容皆為模擬資料。

∧ 圖 4-47　案件狀態追蹤視覺效果設計

4.4 【案例四】金融帳戶交易行為分析及應用

範例檔：PowerBI_ch4_【案例四】金融帳戶交易行為分析及應用

薪轉帳戶轉出交易輪廓 Overview

邏輯設計及適合場景

該儀表板的設計是以觀察銀行薪轉活存帳戶轉出交易，了解薪轉戶資金使用方式。儀表板左側（群組橫條圖：交易金額佔比）設計，可觀察出各交易類別於總交易金額佔比；中間、右側（文字雲）設計，可觀察交易詳細資訊；以圖 4-48 說明，例如：交易金額佔比最高為劃撥交割的 27%，點擊劃撥交割後，顯示有投資偏好客戶數改為 3,395 人，文字雲顯示其購買股票名稱，該批名單及相關資訊可提供理專識別客戶投資傾向及風險偏好，設計客戶合適的投資理財規劃。

此場景適合銀行客群經營人員及理專，針對重點客群，識別其於金融商品需求，提高產品銷售機會，並於剖析交易詳細資訊後，可進一步設定交易產品標籤關鍵詞，執行客戶貼標作業，供後續產品推薦運用。

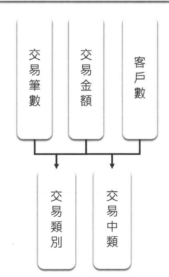

︿ 圖 4-48　薪轉帳戶轉出交易輪廓 Overview 儀表板架構設計

使用哪些主要欄位及視覺效果設計

製作範例「PowerBI_ch4_【案例四】金融帳戶交易行為分析及應用」的「薪轉帳戶轉出交易輪廓 Overview」儀表板，會使用到哪些視覺效果及主要欄位呢？請參考表 4-24 及圖 4-49 所示。

> **表 4-24** 薪轉帳戶轉出交易輪廓 Overview 使用視覺效果

視覺效果名稱	主要資料欄位設計		備註
	型態：類別或文字	型態：計數、值或量值	
文字方塊	標題：薪轉帳戶轉出交易輪廓 Overview	-	-
多列卡片	-	總交易筆數、交易金額、客戶數	-
群組橫條圖	交易類別	交易金額佔比	依交易金額佔比遞減排序
WordCloud(文字雲)	交易中類	交易筆數、交易金額	-

> **圖 4-49** 薪轉帳戶轉出交易輪廓 Overview 視覺效果設計

薪轉客戶產品持有 Overview

邏輯設計及適合場景

該儀表板的設計是以薪轉客戶在轉出交易產品及行內持有產品的交叉分析為主，觀察客戶有哪些金融產品需求，以選擇競品的產品及服務。

該儀表板左半部（多列卡片）設計，展示客戶於各類金融產品有轉出交易的比例；右半部（環圈圖＋卡片），則以各類金融產品有轉出交易的客戶，目前持有行內該類金融產品比例進行觀察，識別待開發商機及潛客數量，利後續客群經營活動規劃參考。

此場景適合銀行客群經營人員，檢視重點關注客群需求，進一步針對尚未透過行內滿足的客戶，提供產品資訊及更優質的推廣活動方案，提高客群行內產品持有滲透度，增加品牌黏性。

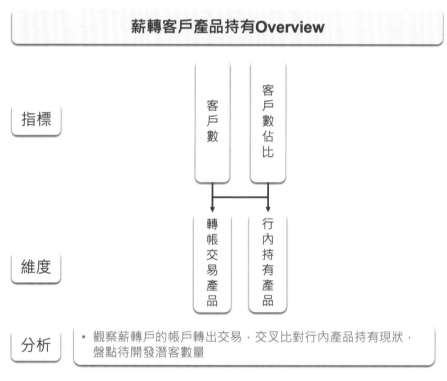

△ 圖 4-50 薪轉客戶產品持有 Overview 儀表板架構設計

📄 使用哪些主要欄位及視覺效果設計

製作範例「PowerBI_ch4_【案例四】金融帳戶交易行為分析及應用」的「薪轉客戶產品持有 Overview」儀表板，會使用到哪些視覺效果及主要欄位呢？請參考表 4-25 及圖 4-51 所示。

> **表 4-25** 薪轉客戶產品持有 Overview 使用視覺效果

視覺效果名稱	主要資料欄位設計		備註
	型態：類別或文字	型態：計數、值或量值	
文字方塊	標題：薪轉客戶產品持有 Overview	-	-
多列卡片	-	客戶數、有繳信用卡費客戶佔比、有信貸交易客戶佔比、有房貸交易客戶佔比、有車貸交易客戶佔比、有使用支付產品客戶佔比、有定存交易客戶佔比、有購買外幣交易客戶佔比、有支付保險費客戶佔比、有購買基金客戶佔比、有繳學費交易客戶佔比、有繳房租交易客戶佔比、有車類相關交易客戶佔比	-
卡片	-	有繳信用卡款客戶數、有信貸交易客戶數、有房貸交易客戶數、有車貸交易客戶數、有使用支付產品客戶數（LinePay 或街口支付）、有支付定存交易客戶數、有購買外幣交易客戶數、有支付保費交易客戶數、有購買基金交易客戶數、有購買股票交易客戶數、有繳學費交易客戶數、有繳房租交易客戶數、有車類相關交易客戶數	-
環圈圖：行內持有信用卡佔比	持有行內信用卡（有 / 無）	有繳信用卡款客戶數	-
環圈圖：行內持有信貸佔比	持有行內信貸（有 / 無）	有信貸交易客戶數	-
環圈圖：行內持有房貸佔比	持有行內房貸（有 / 無）	有房貸交易客戶數	-
環圈圖：行內持有車貸佔比	持有行內車貸（有 / 無）	有車貸交易客戶數	-

視覺效果名稱	主要資料欄位設計		備註
	型態：類別或文字	型態：計數、值或量值	
環圈圖：行內使用數位通路佔比	持有行內數位產品（有/無）	有使用支付產品客戶數	-
環圈圖：行內持有台幣定存佔比	持有行內台幣定存產品（有/無）	有支付定存交易客戶數	-
環圈圖：行內持有外幣活存佔比	持有行內外幣活存產品（有/無）	有購買外幣交易客戶數	-
環圈圖：行內持有保險佔比	持有行內保險產品（有/無）	有支付保費交易客戶數	-
環圈圖：行內持有基金佔比	持有行內基金產品（有/無）	有購買基金交易客戶數	-
環圈圖：行內持有 EFT/股票佔比	持有行內EFT與股票產品（有/無）	有購買股票交易客戶數	-

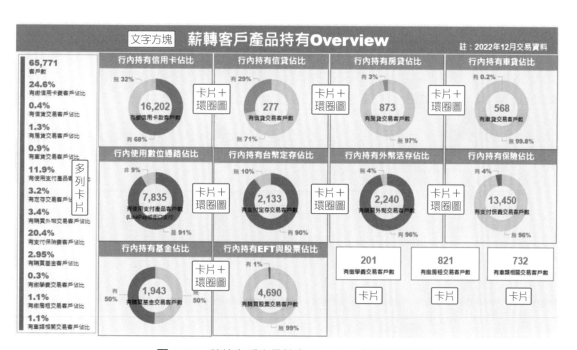

^ 圖 4-51　薪轉客戶產品持有 Overview 視覺效果設計

⏷ 潛客競品 Overview

🗋 邏輯設計及適合場景

該儀表板的設計是以**轉帳交易產品及行內持有產品交叉分析**，篩選出「有發生交易的產品，惟客戶卻未持有行內該產品」，觀察交易中類揭露的資訊，識別競品。

該儀表板左側（交易產品標籤交叉篩選器）設計，可篩選薪轉活存帳戶轉出交易的產品；右側（行內產品持有標籤交叉篩選器）設計，可篩選客戶行內持有產品；中間（文字雲）揭露交易中類資訊；可透過篩選欲觀察現象，以圖 4-53 說明，例如：有信用卡交易（交叉篩選器：信用卡 YN 選 Y）且未持有行內信用卡產品（交叉篩選器：信用卡選無），即會顯示主要競品為：花旗銀、國泰銀、北富銀、玉山銀。

此場景適合銀行客群經營、行銷及商品設計人員，檢視潛客偏好競品，框定競品研究對象，供後續產品或活動設計之參考。

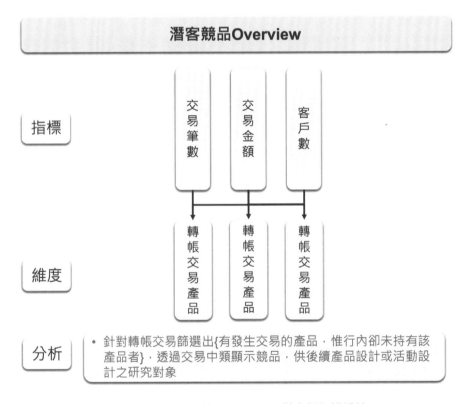

∧ **圖 4-52** 潛客競品 Overview 儀表板架構設計

使用哪些主要欄位及視覺效果設計

製作範例「PowerBI_ch4_【案例四】金融帳戶交易行為分析及應用」的「潛客競品 Overview」儀表板，會使用到哪些視覺效果及主要欄位呢？請參考表 4-26 及圖 4-53 所示。

> **表 4-26** 潛客競品 Overview 使用視覺效果

視覺效果名稱	主要資料欄位設計		備註
	型態：類別或文字	型態：計數、值或量值	
文字方塊	標題：潛客競品 Overview、交易產品標籤、行內產品持有標籤	-	-
多列卡片	-	交易筆數、交易金額、客戶數	-
交叉篩選器	信用卡 YN、信貸 YN、房貸 YN、車貸 YN、學費 YN、房租 YN、定存 YN、外幣 YN、基金 YN、保險 YN、支付 YN、投資 YN、信用卡、信貸、房貸、車貸、ETF 與股票、台幣定存、外幣活存、基金、保險	-	-
WordCloud（文字雲）	交易中類	客戶數	-

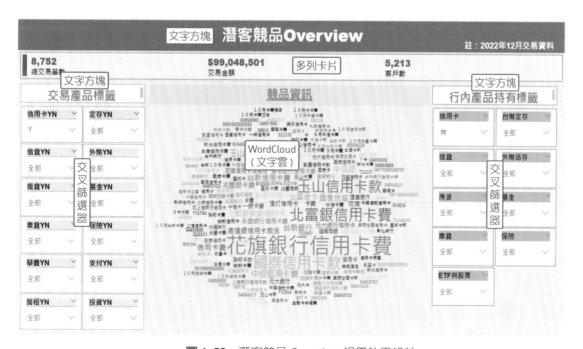

^ **圖 4-53** 潛客競品 Overview 視覺效果設計

潛戶輪廓探勘

邏輯設計及適合場景

該儀表板的設計是以剖析產品潛客畫像為主，輔以「轉帳交易產品」及「行內持有產品」條件設定為交叉分析篩選器。

此場景適合銀行客群經營及行銷人員，檢視產品潛客特徵，以設計合適產品銷售方案，包含但不僅限於行銷文案、廣告及活動訊息觸達通路。

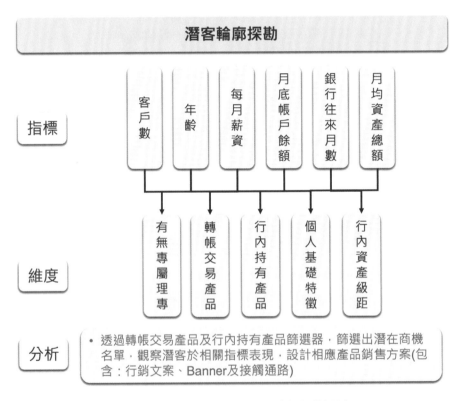

圖 4-54　潛客輪廓探勘儀表板架構設計

使用哪些主要欄位及視覺效果設計

製作範例「PowerBI_ch4_【案例四】金融帳戶交易行為分析及應用」的「潛客輪廓探勘」儀表板，會使用到哪些視覺效果及主要欄位呢？請參考表 4-27 及圖 4-55 所示。

> **表 4-27** 潛客輪廓探勘使用視覺效果

視覺效果名稱	主要資料欄位設計		備註
	型態：類別或文字	型態：計數、值或量值	
文字方塊	標題：潛客輪廓探勘	-	-
卡片	-	客戶數、年齡（平均）、月薪（中位數）、月均AUM（中位數）、台幣月底餘額（平均）、往來月數（平均）	-
交叉篩選器	有繳學費交易、有繳房租交易、有車類相關交易、有房貸交易、有信貸交易、有車貸交易、有繳信用卡交易、有購買股票交易、有購買基金交易、有支付保費交易、有使用支付產品、持有房貸產品、有持信貸產品、持有信用卡產品、持有 ETF/ 股票	-	-
群組橫條圖	月均 AUM 級距、居住縣市、性別、婚姻狀況、年齡級距、學歷、職業	客戶數	值顯示為總計百分比

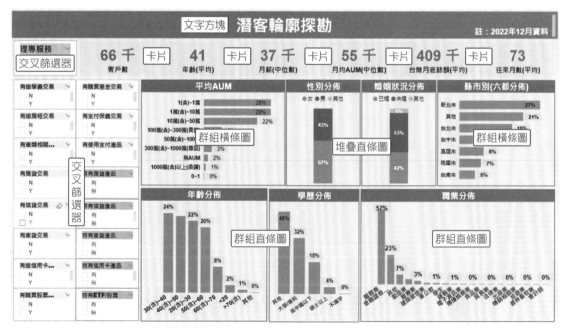

∧ **圖 4-55** 潛客輪廓探勘視覺效果設計

4.5 【案例五】客群經營貢獻分析

範例檔：PowerBI_ch4_【案例五】客群經營貢獻分析

客戶輪廓 Overview

邏輯設計及適合場景

該儀表板的設計是以客戶數及平均年齡等 2 個指標為主，搭配 6 個維度進行分析。客群輪廓是金融產業及各個產業常會關注的部分。我們從資料結構來看，客戶等級是客群的一個分水嶺，該範例分成 VIP 客戶、一般客戶及財富管理客戶，因此將此條件設定為交叉分析篩選器，並搭配相關維度來比較。

該儀表板的設計上先以客戶數及平均年齡等 2 個指標進行展開，細部比較性別、理專擁有客戶人數分佈、年齡層、職業與縣市區域等。簡單透過客戶等級篩選器來比較不同等級在幾個維度上的樣態是否有差異等訊息。

此場景適合提供所有一般人員，初步認識客群的幾個維度結構分佈。若欲知道客群貢獻度等相關訊息，則需有其他資訊儀表板才行。

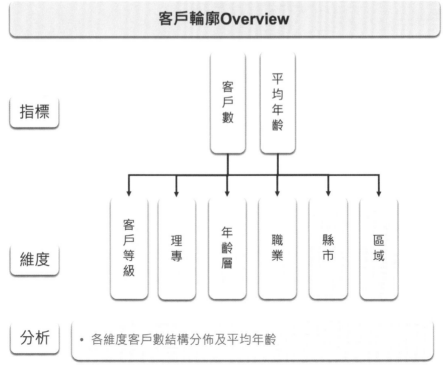

▲ 圖 4-56 客戶輪廓 Overview 儀表板架構設計

使用哪些主要欄位及視覺效果設計

製作範例「PowerBI_ch4_【案例五】客群經營貢獻分析」的「客戶輪廓 Overview」儀表板，會使用到哪些視覺效果及主要欄位呢？請參考表 4-28 及圖 4-57 所示。

> 表 4-28　客戶輪廓 Overview 使用視覺效果

視覺效果名稱	主要資料欄位設計		備註
	型態：類別或文字	型態：計數、值或量值	
文字方塊	標題：客戶輪廓 Overview	-	-
交叉分析篩選器	客戶等級	-	開啟全選功能
卡片	-	客戶數百分比、平均年齡	-
環圈圖	性別	客戶數百分比	-
樹狀圖	理專	客戶數百分比	-
群組直條圖	年齡層	客戶數百分比	-
群組橫條圖	職業、縣市、區域	客戶數百分比	開啟篩選功能

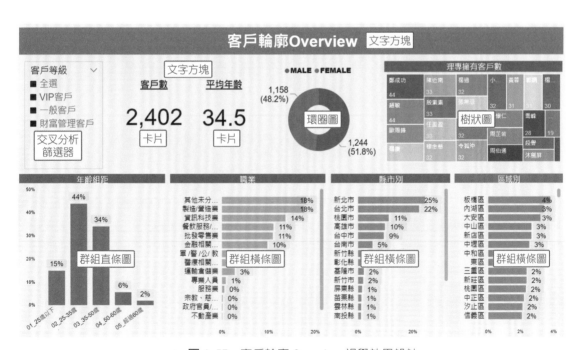

∧ 圖 4-57　客戶輪廓 Overview 視覺效果設計

客戶刷卡輪廓

邏輯設計及適合場景

該儀表板的設計是以 7 個信用卡指標為主要出發點,搭配 4 個維度進行分析。儀表板內容與客戶的刷卡有關係,因此以幾個重要的刷卡指標為主,像是總刷卡金額、總刷卡人數及動卡率等,輔以幾個構面來分析刷卡客戶輪廓差異,分別為年齡組距、縣市別和特店類別。

場景適合行銷(分析)人員。從年齡組距來看,可以針對縣市別的交易類別還有特店類別,進行初階的資料探索。從中尋找哪些縣市地區的刷卡動能需要再加強提升,甚至設計一些關於交易或特店類的行銷活動,藉以提升客戶忠誠度與活躍度。

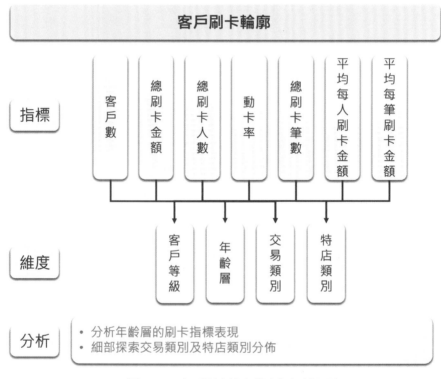

∧ 圖 4-58　客戶刷卡輪廓儀表板架構設計

使用哪些主要欄位及視覺效果設計

製作範例「PowerBI_ch4_【案例五】客群經營貢獻分析」的「客戶刷卡輪廓」儀表板，會用到哪些視覺效果及主要欄位呢？請參考表 4-29 及圖 4-59 所示。

> **表 4-29**　客戶刷卡輪廓使用視覺效果

視覺效果名稱	主要資料欄位設計		備註
	型態：類別或文字	型態：計數、值或量值	
文字方塊	標題：客戶刷卡輪廓（註：2013～2014 的交易資料）	-	-
交叉分析篩選器	客戶等級	-	開啟全選功能
卡片	-	總刷卡金額、總刷卡人數、動卡率、總刷卡筆數、平均每人刷卡金額、平均每筆刷卡金額	-
矩陣	年齡組距	人數、平均年齡、總刷卡金額、總刷卡筆數、	-
100% 堆疊直條圖	縣市別、交易類別	總刷卡金額	
樹狀圖	特店類別	總刷卡金額	

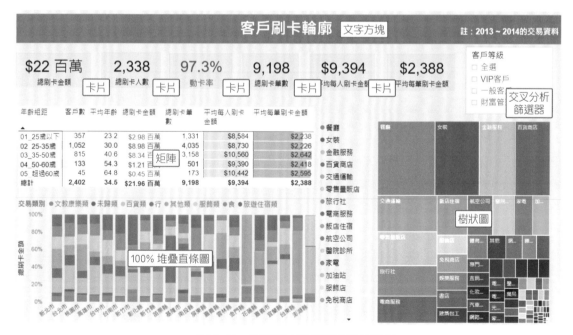

∧ **圖 4-59**　客戶刷卡輪廓視覺效果設計

⛟ 客戶刷卡貢獻指標

🗋 邏輯設計及適合場景

該儀表板的設計是以 7 個信用卡指標為主要出發點，搭配 4 個維度進行分析。儀表板內容與刷卡通路有關係，從原有的重要刷卡指標開始，然後將刷卡金額拆分到國內外 ➡ 刷卡類別 ➡ 刷卡特店，因此整個結構是具有邏輯順序性。

該儀表板主要是讓行銷（分析）人員知道刷卡通路的集中程度，讓其瞭解現況刷卡通路的績效，倘若需要創建行銷活動時，就能知道要著重在哪個刷卡通路了。

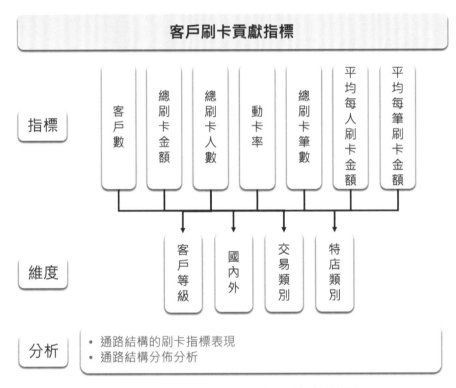

∧ 圖 4-60 客戶刷卡貢獻指標儀表板架構設計

使用哪些主要欄位及視覺效果設計

製作範例「PowerBI_ch4_【案例五】客群經營貢獻分析」的「客戶刷卡貢獻指標」儀表板，會用到哪些視覺效果及主要欄位呢？請參考表 4-30 及圖 4-61 所示。

> **表 4-30** 客戶刷卡貢獻指標使用視覺效果

視覺效果名稱	主要資料欄位設計		備註
	型態：類別或文字	型態：計數、值或量值	
文字方塊	標題：客戶刷卡貢獻指標（註：2013～2014 的交易資料）	-	-
卡片	縣市	總刷卡金額、總刷卡人數、動卡率、總刷卡筆數、平均每人刷卡金額、平均每筆刷卡金額	-
交叉分析篩選器	客戶等級	-	開啟全選功能
100% 堆疊直條圖	國內外	總刷卡金額百分比	-
環圈圖	交易類別、特店類別	總刷卡金額百分比	開啟篩選功能

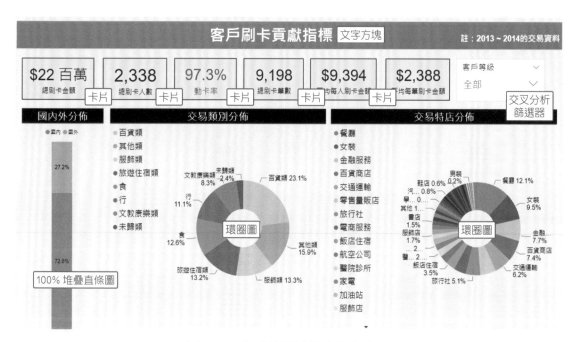

∧ **圖 4-61** 客戶刷卡貢獻指標視覺效果設計

客戶刷卡貢獻年份比較

邏輯設計及適合場景

該儀表板是以刷卡類別做為設計的出發點,著重在交易類別和特店類別的分析,並且利用年份的交叉分析篩選器,以利不同年份之比較。比較的指標有總刷卡金額、總刷卡筆數及平均每人刷卡金額。

該儀表板適合具有行銷分析概念的人員使用,只要透過儀表板的互動篩選分析,再搭配其原有的產業經驗知識,就能快速知道最近交易類別和特店類別之間的關係。做為後續在創建行銷活動時,可以著力在哪個類別的依據。

同理,增加時間維度篩選器(例如季、月等),可再增添設計行銷活動的彈性(例如短期衝刷卡動能快閃活動)。

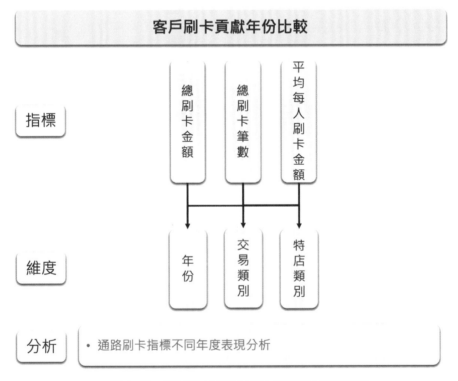

圖 4-62　客戶刷卡貢獻年份比較儀表板架構設計

使用哪些主要欄位及視覺效果設計

製作範例「PowerBI_ch4_【案例五】客群經營貢獻分析」的「客戶刷卡貢獻年份比較」
儀表板，會用到哪些視覺效果及主要欄位呢？請參考表 4-31 及圖 4-63 所示。

> **表 4-31** 　客戶刷卡貢獻年份比較使用視覺效果

視覺效果名稱	主要資料欄位設計		備註
	型態：類別或文字	型態：計數、值或量值	
文字方塊	標題：客戶刷卡貢獻年份比較	-	-
交叉分析篩選器	年份	-	關閉全選功能
散佈圖	交易類別、特店類別	總刷卡金額、總刷卡筆數、平均每人刷卡金額	開啟篩選功能

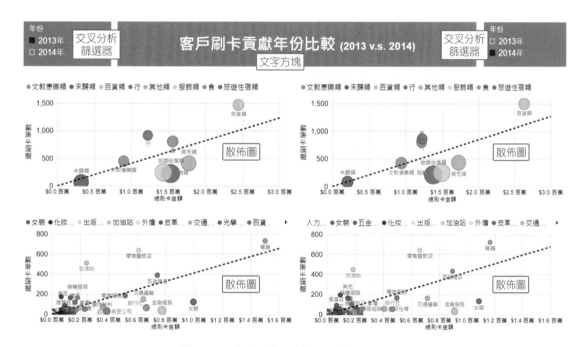

∧ **圖 4-63** 　客戶刷卡貢獻年份比較視覺效果設計

客戶刷卡交易特店貢獻比較

邏輯設計及適合場景

該儀表板著重在交易類別及特店類別的分析，比較幾個重要的刷卡指標為主，像是總刷卡人數、總刷卡筆數、總刷卡金額、平均每人刷卡金額、平均每人刷卡筆數及平均每筆刷卡金額等。在視覺化的設定部分，輔以開啟資料橫條設定，以利一次比較交易類別之下的各個特店表現。

該儀表板適合讓行銷人員使用，透過交叉分析篩選器分析，就能一次比較多個刷卡指標表現。

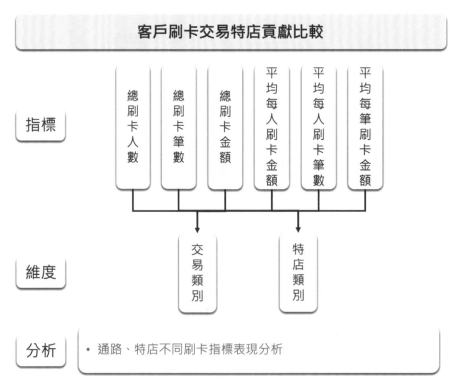

∧ 圖 4-64　客戶刷卡交易特店貢獻比較儀表板架構設計

使用哪些主要欄位及視覺效果設計

製作範例「PowerBI_ch4_【案例五】客群經營貢獻分析」的「客戶刷卡交易特店貢獻比較」儀表板，會用到哪些視覺效果及主要欄位呢？請參考表 4-32 及圖 4-65 所示。

> **表 4-32** 客戶刷卡交易特店貢獻比較使用視覺效果

視覺效果名稱	主要資料欄位設計		備註
	型態：類別或文字	型態：計數、值或量值	
文字方塊	標題：客戶刷卡交易特店貢獻比較	-	-
hierarchy slicer	交易類別、特店類別	-	自訂視覺效果
矩陣	交易類別、特店類別	總刷卡人數、總刷卡筆數、總刷卡金額、平均每人刷卡金額、平均每人刷卡筆數、平均每筆刷卡金額	開啟資料橫條設定

^ **圖 4-65** 客戶刷卡交易特店貢獻比較視覺效果設計

客戶刷卡類別貢獻年度比較

邏輯設計及適合場景

該儀表板著重在交易類別的不同年度分析，比較 3 個重要的刷卡指標，分別為總刷卡人數、總刷卡筆數及總刷卡金額。其中，增加成長衰退率來看這 3 個指標的表現。

該儀表板適合行銷（分析）人員使用，一次比較這幾個刷卡指標績效。亦可用來**檢視過去行銷活動的績效結果**。

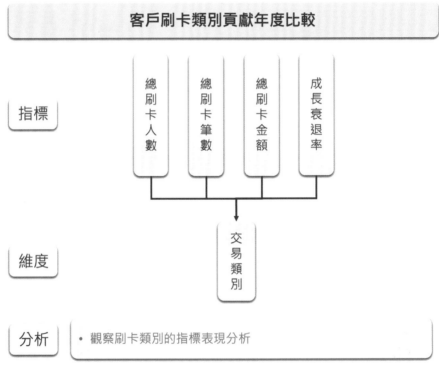

∧ **圖 4-66** 客戶刷卡類別貢獻年度比較儀表板架構設計

使用哪些主要欄位及視覺效果設計

製作範例「PowerBI_ch4_【案例五】客群經營貢獻分析」的「客戶刷卡交易特店貢獻比較」儀表板，會用到哪些視覺效果及主要欄位呢？請參考表 4-33 及圖 4-67 所示。

> **表 4-33** 客戶刷卡交易特店貢獻比較使用視覺效果

視覺效果名稱	主要資料欄位設計		備註
	型態：類別或文字	型態：計數、值或量值	
文字方塊	標題：客戶刷卡類別貢獻年度比較（2013 vs. 2014）	-	-
多列卡片	-	今年刷卡總金額、去年刷卡總金額、刷卡金額成長衰退率	
多列卡片	-	今年刷卡總筆數、去年刷卡總筆數、刷卡筆數成長衰退率	
多列卡片	-	今年刷卡總人數、去年刷卡總人數、刷卡人數成長衰退率	-
矩陣	交易類別	今年刷卡總金額、去年刷卡總金額、刷卡金額成長衰退率；今年刷卡總筆數、去年刷卡總筆數、刷卡筆數成長衰退率；今年刷卡總人數、去年刷卡總人數、刷卡人數成長衰退率	開啟資料橫條設定

∧ **圖 4-67** 客戶刷卡類別貢獻年度比較視覺效果設計

理財產品銷售分析

邏輯設計及適合場景

該儀表板著重在產品交易金額的分析,比較 2 個重要的刷卡指標,分別為總交易金額跟成長衰退率。我們可以從此分析儀表板知道,整個理財商品的交易金額,並細部比較幾個不同維度的差異。

該儀表板適合一般人員使用,除了可以知道每個月的趨勢之外,還能比較每個月的產品交易結構變化。

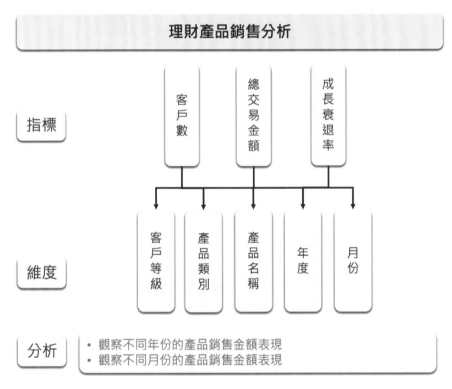

△ 圖 4-68　理財產品銷售分析儀表板架構設計

使用哪些主要欄位及視覺效果設計

製作範例「PowerBI_ch4_【案例五】客群經營貢獻分析」的「理財產品銷售分析」儀表板，會用到哪些視覺效果及主要欄位呢？請參考表 4-34 及圖 4-69 所示。

> **表 4-34** 理財產品銷售分析使用視覺效果

視覺效果名稱	主要資料欄位設計		備註
	型態：類別或文字	型態：計數、值或量值	
文字方塊	標題：理財產品銷售分析	-	-
交叉分析篩選器	客戶等級、產品類別、產品名稱	-	開啟全選功能
環圈圖	年度	總交易金額	-
卡片	-	總交易金額、客戶數	-
群組直條圖	年度、月份	總交易金額	-
折線圖	月份	總交易金額成長衰退率	-
100% 堆疊直條圖	產品類別、月份	總交易金額	-

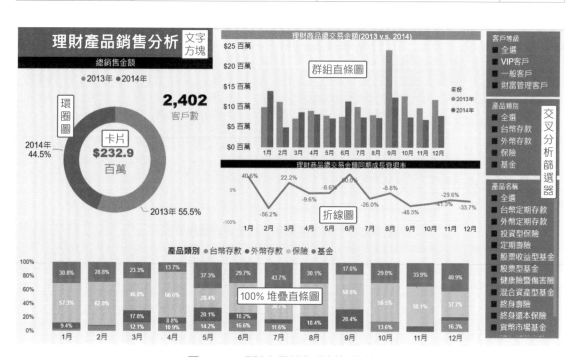

> **圖 4-69** 理財產品銷售分析視覺效果設計

理專客戶傭金收入分析

邏輯設計及適合場景

該儀表板著重在理專的傭金收入分析。比較幾個重要的商品交易指標表現，分別為總業績目標、銷售總金額、銷售達成率及傭金收入。

我們可以**從理專的篩選器知道，不同理專所擁有的客戶表現，可以細部再探索職業以及哪些商品是傭金收入貢獻的主要來源。**該儀表板場景是適合理財行銷人員使用，可以一次比較所有理專的擁有客戶表現。

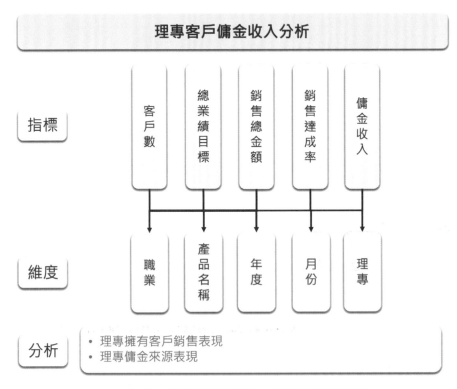

△ **圖 4-70** 理專客戶傭金收入分析儀表板架構設計

使用哪些主要欄位及視覺效果設計

製作範例「PowerBI_ch4_【案例五】客群經營貢獻分析」的「理專客戶傭金收入分析」儀表板，會用到哪些視覺效果及主要欄位呢？請參考表 4-35 及圖 4-71 所示。

> **表 4-35** 理專客戶傭金收入分析使用視覺效果

視覺效果名稱	主要資料欄位設計		備註
	型態：類別或文字	型態：計數、值或量值	
文字方塊	標題：理專客戶傭金收入分析	-	-
交叉分析篩選器	員工名稱、年度	-	開啟單一選取功能
卡片	-	總業績目標、銷售總金額、銷售達成率、傭金收入	-
環圈圖	職業	客戶數佔比	-
折線與群組直條圖	月份	傭金收入	-
群組直條圖	月份	銷售總金額	-
群組直條圖	產品名稱	傭金收入	-

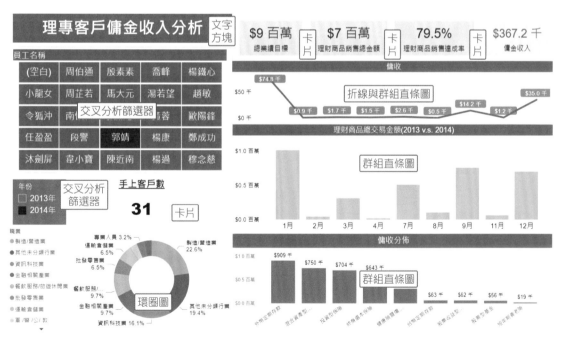

^ **圖 4-71** 理專客戶傭金收入分析視覺效果設計

分行產品貢獻分析

邏輯設計及適合場景

該儀表板著重在分行的傭金收入分析。比較幾個重要的商品交易指標表現,分別為總業績目標、銷售總金額、銷售達成率、傭金收入及客戶數。

我們可以同樣從分行的篩選器知道,不同分行所擁有的客戶表現,可以細部再探索職業以及哪些商品是傭金收入貢獻的主要來源。該儀表板場景是適合分行人員使用,可以一次比較不同分行的擁有客戶表現。

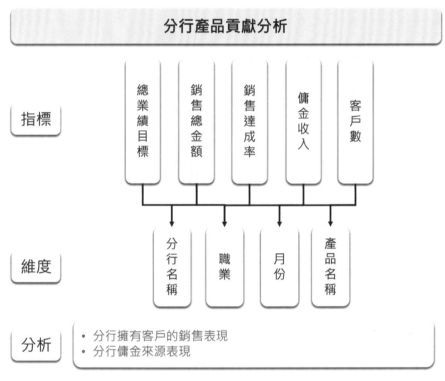

∧ 圖 4-72 分行產品貢獻分析儀表板架構設計

使用哪些主要欄位及視覺效果設計

製作範例「PowerBI_ch4_【案例五】客群經營貢獻分析」的「分行產品貢獻分析」儀表板，會用到哪些視覺效果及主要欄位呢？請參考表 4-36 及圖 4-73 所示。

> **表 4-36** 分行產品貢獻分析使用視覺效果

視覺效果名稱	主要資料欄位設計		備註
	型態：類別或文字	型態：計數、值或量值	
文字方塊	標題：分行產品貢獻分析	-	-
交叉分析篩選器	分行	-	開啟全選功能
卡片	-	總業績目標、銷售總金額、銷售達成率、傭金收入、客戶數	-
樹狀圖	職業	客戶數	-
折線與群組直條圖	年份	傭金收入	-
群組直條圖	月份	總交易金額	-
群組直條圖	產品名稱	總交易金額	-

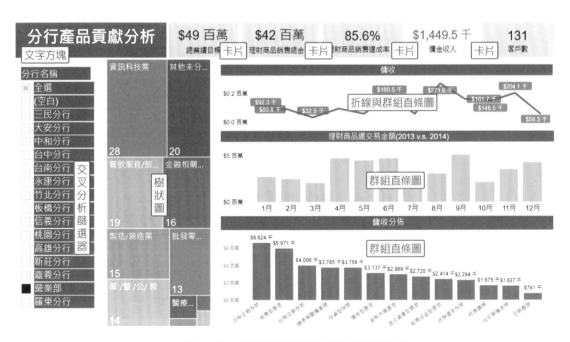

> **圖 4-73** 分行產品貢獻分析視覺效果設計

4.6 【案例六】催收業務案件召回分析及應用

範例檔：PowerBI_ch4_【案例六】催收業務案件召回分析及應用

法務動作案件累計回收率概覽

邏輯設計及適合場景

該儀表板的設計是以**觀察放款逾期案件法務催收執行成果，掌握逾期債權回收績效表現**。透過儀表板左側交叉篩選器，篩選出欲觀察的年度，或針對各類法務動作累計回收率進行觀察，定期檢視各項法務動作回收率表現趨勢變化；以圖 4-75 說明，首先在不進行篩選情況下，可直接觀察 3 個年度不同月份，整體法務案件回收率，在相同表現績效期基準下，2022 年度案件累計回收率有明顯下降趨勢，後續可針對此現象向下探索，找出回收率下滑的原因。

此場景適合銀行或委外催收機構的催收主管，進行催收績效追蹤，掌握業務變化，即早發現業務風險，快速進行催收策略調整。

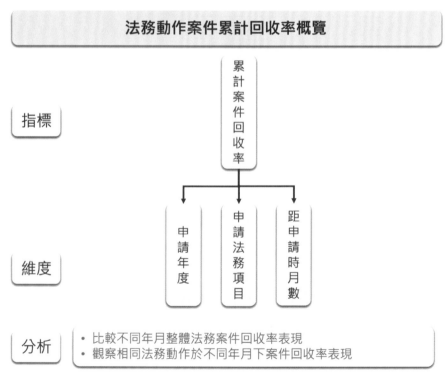

△ **圖 4-74** 法務動作案件累計回收率概覽儀表板架構設計

使用哪些主要欄位及視覺效果設計

製作範例「PowerBI_ch4_【案例六】催收業務案件召回分析及應用」的「法務動作案件累計回收率概覽」儀表板,會使用到哪些視覺效果及主要欄位呢?請參考表 4-37 及圖 4-75 所示。

> **表 4-37** 法務動作案件累計回收率概覽使用視覺效果

視覺效果名稱	主要資料欄位設計		備註
	型態:類別或文字	型態:計數、值或量值	
文字方塊	標題:法務動作案件累計回收率概覽	-	-
多列卡片	-	累計回收率 by 案件（MOB1）、累計回收率 by 案件（MOB3）、累計回收率 by 案件（MOB6）、累計回收率 by 案件（MOB12）、累計回收率 by 案件（MOB18）	-
交叉篩選器:申請年度	申請年度	-	-
交叉篩選器:申請法務項目	申請法務項目	-	-
折線圖	MOB（距離申請時月數）	累計案件回收率	圖例:申請年月

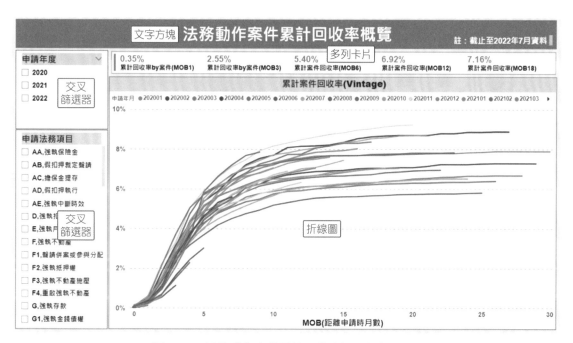

∧ **圖 4-75** 法務動作案件累計回收率概覽視覺效果設計

案件法務類型申請量能分析

邏輯設計及適合場景

該儀表板的設計以承接上一小節，整體法務案件回收率自 2022 年度以來明顯下滑，另於業務會議上，法務及行政單位反應近期法務案件申請量大增，進行法務項目申請結構分析。

儀表板左側設有交叉篩選器，可篩選出欲觀察年度及月份；以圖 4-77 說明，因資料期間自 2020 年 1 月至 2022 年 7 月，為進行 3 個年度申請案件量同期比較，透過「交叉篩選器：申請月份」進行月份篩選後，由「緞帶圖：各年度各類法務項目申請案件量變化」顯示函查勞保及函查郵政的申請案件量，於 2022 年 1 至 7 月量明顯大幅度增加，後續方向可進一步分析該 2 項目下案件回收率歷史趨勢。

此場景適合銀行或委外催收機構的催收主管，監控各法務項目申請案件量能，及早因應量能變化、定位影響因素，快速調整人力資源安排。

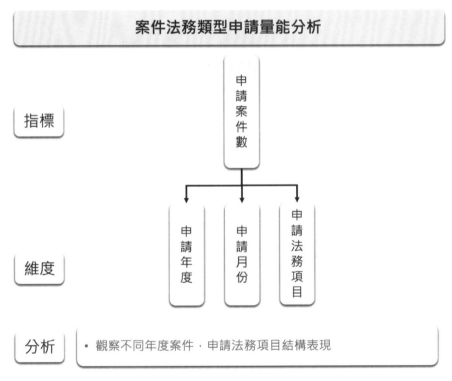

∧ 圖 4-76 案件法務類型申請量能分析儀表板架構設計

使用哪些主要欄位及視覺效果設計

製作範例「PowerBI_ch4_【案例六】催收業務案件召回分析及應用」的「案件法務類型申請量能分析」儀表板，會使用到哪些視覺效果及主要欄位呢？請參考表 4-38 及圖 4-77 所示。

> **表 4-38** 案件法務類型申請量能分析使用視覺效果

視覺效果名稱	主要資料欄位設計		備註
	型態：類別或文字	型態：計數、值或量值	
文字方塊	標題：案件法務類型申請量能分析	-	-
交叉篩選器：申請年度	申請年度	-	-
交叉篩選器：申請月份	申請月份	-	-
緞帶圖	申請年度	申請案件筆數	圖例選取：申請項目

∧ **圖 4-77** 案件法務類型申請量能分析視覺效果設計

函查類法務動作案件回收率概覽

邏輯設計及適合場景

該儀表板的設計是將前 2 小節的內容結合，惟仍保留交叉篩選器，為進一步探索保留彈性；以圖 4-79 說明，於「交叉篩選器：申請法務項目」篩選函查類法務項目後，可觀察到該類申請案件量自 2020 年以來持續上升，2022 年增量更顯著，而其累計案件回收率逐年下滑，於 2022 年尤為明顯，據此定位案件回收率下降主要成因，在於函查類法務申請案件量增，而其回收率明顯下滑所致，後續須針對函查類法務相關作業進行相應性策略調整。

此場景適合銀行或委外催收機構的催收主管，挖掘並定位業務問題，以快速執行相應策略調整。

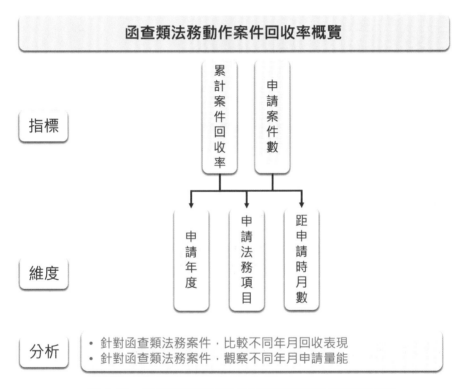

∧ 圖 4-78　函查類法務動作案件回收率概覽儀表板架構設計

使用哪些主要欄位及視覺效果設計

製作範例「PowerBI_ch4_【案例六】催收業務案件召回分析及應用」的「函查類法務動作案件回收率概覽」儀表板，會使用到哪些視覺效果及主要欄位呢？請參考表 4-39 及圖 4-79 所示。

> **表 4-39** 函查類法務動作案件回收率概覽使用視覺效果

視覺效果名稱	主要資料欄位設計		備註
	型態：類別或文字	型態：計數、值或量值	
文字方塊	標題：函查類法務動作案件回收率概覽	-	-
交叉篩選器：申請年度	申請年度	-	-
交叉篩選器：申請法務項目	申請法務項目	-	選取：函查類法務項目
折線圖：申請案件筆數	申請年月	申請案件筆數	視覺效果：開啟趨勢線、色彩：紅色、線條樣式：虛線
折線圖：累計案件回收率	MOB（距離申請時月數）	累計案件回收率	圖例選取：申請年月
多列卡片	-	累計回收率 by 案件（MOB1）、累計回收率 by 案件（MOB3）、累計回收率 by 案件（MOB6）、累計回收率 by 案件（MOB12）、累計回收率 by 案件（MOB18）	-

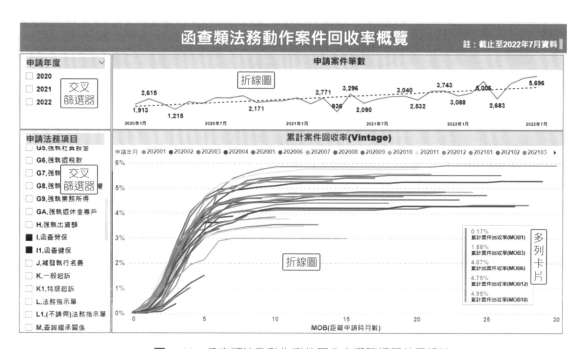

∧ **圖 4-79** 函查類法務動作案件回收率概覽視覺效果設計

各年度申請案件法務類型佔比及首月回收率比較

邏輯設計及適合場景

該儀表板的設計是以散佈圖呈現不同法務項目在「案件量佔比」、「累計首月回收率」及「累計首月 Revenue」這 3 個維度上表現；以圖 4-81 說明，左右 2 側「交叉篩選器：申請年月」選定年度後，可觀察 2022 年度首月案件回收率，相較前 2 個年度下降近 1 半水準（0.21% vs. 0.40%）；比較不同年度散佈圖，函查勞保項目有較顯著變化，案件佔比明顯增加（25%/2022 年 vs. 16%/2020-2021 年），且首月回收率下滑（0.06%/2022 年 vs. 0.34%/2020-2021 年），最後，可關注散佈圖中，較大面積圓點且案件佔比較低的法務項目，其表示單筆案件回收實際貢獻較大，可針對這類法務項目案件訂定處理時效的要求，確保高回收案件有確實進行作業跟蹤。

此場景適合銀行或委外催收機構的催收主管，可擴展至針對所有法務項目訂定相應處理時效規範，給予法務同仁明確的案件處理優先順序。

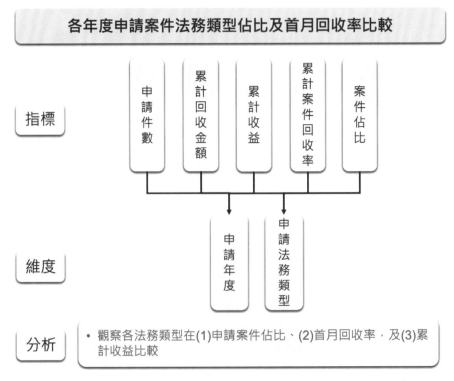

圖 4-80　各年度申請案件法務類型佔比及首月回收率比較儀表板架構設計

使用哪些主要欄位及視覺效果設計

製作範例「PowerBI_ch4_【案例六】催收業務案件召回分析及應用」的「各年度申請案件法務類型佔比及首月回收率比較」儀表板，會使用到哪些視覺效果及主要欄位呢？請參考表 4-40 及圖 4-81 所示。

> **表 4-40** 各年度申請案件法務類型佔比及首月回收率比較使用視覺效果

視覺效果名稱	主要資料欄位設計		備註
	型態：類別或文字	型態：計數、值或量值	
文字方塊	標題：各年度申請案件法務類型佔比及首月回收率比較	-	-
交叉篩選器	申請年度	-	-
卡片	申請年月（起）、申請年月（迄）	申請件數、累計回收金額、累計案件回收率、累計 Revenue	-
散佈圖	申請項目	案件回收率、案件佔比、累計 Revenue	圖例：申請項目、大小：累計收益

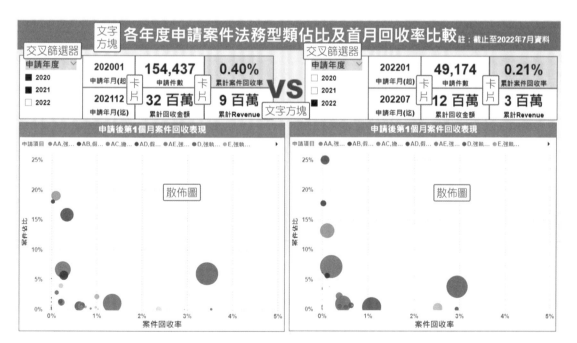

> **圖 4-81** 各年度申請案件法務類型佔比及首月回收率比較視覺效果設計

函查類法務動作案件量額度使用概覽

邏輯設計及適合場景

該儀表板的設計是承接「函查類法務動作回收率概覽」分析結果，定位業務問題後，針對函查類法務相關作業進行相應性策略調整使用。因應函查類法務申請案件量增、回收率明顯下滑，且單筆收益貢獻較低，據此配置每月處理案件量上限，讓法務人力資源得更多配置於其他單筆收益貢獻較高的法務項目案件；以圖 4-83 說明，經決策後，月限額控制於 2,300 案件，當月申請量累計超過月限額，法務系統會直接擋點，該筆案件即不得申請函查類法務項目；另亦有針對月限額依與委託機構合作上，對於函查類法務案件量要求，分攤至各委託機構產品，為產品限額，案件承辦人員於送函查類法務項目申請時，得透過該儀表版檢視目前額度耗用情形，或送申請後，若被系統擋點，即可檢視是否已達產品限額或總月限額。

此場景適合銀行或委外催收機構的催收主管，檢視函查類法務項目月限額使用率，並透過長期的追蹤，檢視原始設定的限額參數，依據其實際額度消耗率狀況，評估是否貼合業務需求，視必要快速進行調控。

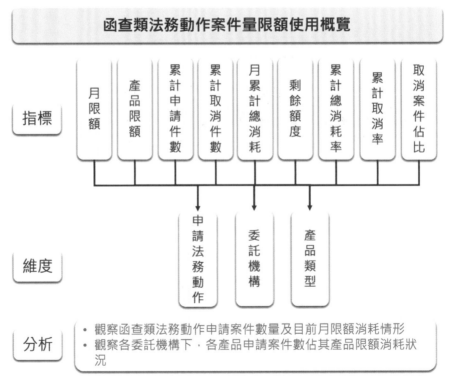

∧ 圖 4-82　函查類法務動作案件量限額使用概覽儀表板架構設計

使用哪些主要欄位及視覺效果設計

製作範例「PowerBI_ch4_【案例六】催收業務案件召回分析及應用」的「函查類法務動作案件量限額使用概覽」儀表板，會使用到哪些視覺效果及主要欄位呢？請參考表 4-41 及圖 4-83 所示。

> **表 4-41** 函查類法務動作案件量限額使用概覽使用視覺效果

視覺效果名稱	主要資料欄位設計		備註
	型態：類別或文字	型態：計數、值或量值	
文字方塊	標題：函查類法務動作案件量額度使用概覽	-	-
卡片	-	累計申請件數、累計取消件數、累計取消率、月累計總消耗、月限額、累計總消耗率	-
群組橫條圖	申請法務項目	申請案件筆數	依申請案件筆數遞減排序
資料表	委託機構、產品類型	產品限額、月累計總消耗、剩餘額度、消耗率、累計申請件數、累計取消件數、累計取消率、取消案件佔比	-

∧ **圖 4-83** 函查類法務動作案件量限額使用概覽視覺效果設計

案件法務動作申請歷程

邏輯設計及適合場景

該儀表板的設計是承接「函查類法務動作案件量額度使用概覽」，本案例系統有設計取消換案功能，該功能支持可進行已送申請案件取消動作，系統將與取消案件等量額度釋出；據此儀表版可對接系統即時資料，當業務上發生額度用罄（已達產品限額或月限額）情形，欲重新調整申請案件清單時，可透過設計已送申請案件歷程，搭配案件狀態，並加入評估案件實益的資訊（例：本案例回收實益預測標籤）進行案件申請效益評估，篩選出取消案件清單。

此場景適合銀行或委外催收機構的催收主管及案件承辦員，在系統設計和實際業務執行，於交互過程中，提供可供判斷的必要資訊，讓業務執行更高效。

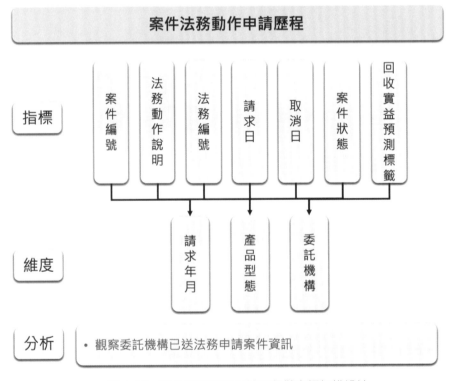

∧ **圖 4-84** 案件法務動作申請歷程儀表板架構設計

使用哪些主要欄位及視覺效果設計

製作範例「PowerBI_ch4_【案例六】催收業務案件召回分析及應用」的「案件法務動作申請歷程」儀表板，會使用到哪些視覺效果及主要欄位呢？請參考表 4-42 及圖 4-85 所示。

> **表 4-42** 案件法務動作申請歷程使用視覺效果

視覺效果名稱	主要資料欄位設計		備註
	型態：類別或文字	型態：計數、值或量值	
文字方塊	標題：案件法務動作申請歷程	-	-
交叉篩選器	案件狀態、回收實益預測標籤、委託機構	-	-
資料表	案件編號、委託機構、法務動作說明、法務編號、請求日、取消日、案件狀態、回收實益標籤	-	-

∧ **圖 4-85** 案件法務動作申請歷程視覺效果設計

4.7 【案例七】決策節點分析應用

範例檔：PowerBI_ch4_【案例七】決策節點分析應用

案件歷史勞健保查詢（LIS）紀錄決策樹分群

邏輯設計及適合場景

該儀表板的設計是匯入由其他軟體（Python）執行機器學習（決策樹）分群結果（資料表及圖片），提高模型結果易讀性。以圖 4-87 說明，透過儀表板上方交叉篩選器，可快速獲取分群特徵中文說明；另於儀表版中圖片左側文字框揭露本次模型訓練效果（AUC 達 0.85），右側揭露本次模型訓練樣本數量約 109 萬筆、符合目標（LIS 查得結果為 A）比率 3.8%（屬小樣本資料集）；儀表版下方資料表顯示分群結果，本案例依查得 A 比例表現分為 8 群（Rank:0-7），由 A 命中率及 lift 指標來看，各群於該 2 指標上表現有顯著差異。lift 指標表示該群別 A 命中率相較於整體 A 命中率的倍數（例：Rank：0 的 A 命中率為 80.4%，相較於整體 3.8%，lift 約 21）。

此場景適合模型開發單位人員，向模型應用單位說明模型選用特徵及模型效果，並同步與業務單位確認模型選用特徵是否符合業務邏輯，判斷是否採納該版模型於業務應用，可提高跨單位溝通效能。

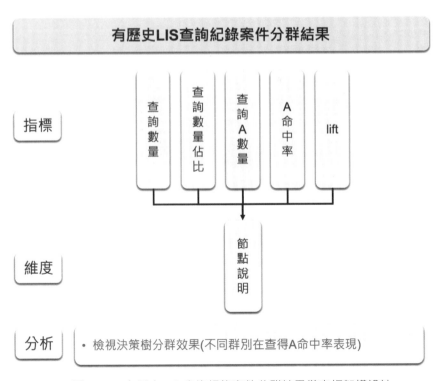

△ 圖 4-86　有歷史 LIS 查詢紀錄案件分群結果儀表板架構設計

使用哪些主要欄位及視覺效果設計

製作範例「PowerBI_ch4_【案例七】決策節點分析應用」的「有歷史 LIS 查詢紀錄案件分群結果（決策樹）」及「無歷史 LIS 查詢紀錄案件分群結果（決策樹）」儀表板，因其結構相同，如下以「有歷史 LIS 查詢紀錄」進行說明，會使用到哪些視覺效果及主要欄位呢？請參考表 4-43、圖 4-87 及圖 4-88 所示。

> **表 4-43** 有歷史 LIS 查詢紀錄案件分群結果（決策樹）使用視覺效果

視覺效果名稱	主要資料欄位設計		備註
	型態：類別或文字	型態：計數、值或量值	
文字方塊	標題：有歷史 LIS 查詢紀錄案件分群結果（決策樹）、Decision tree ROC-AUC score：0.855	-	-
交叉篩選器	決策入選變數、歷史 LIS 查詢紀錄、變數名稱	-	-
卡片	變數中文說明（如圖：距查詢日最近 3 次結果皆為 A）	查詢 A 數量、查詢數量、查得 A 佔比	-
圖片	-	-	圖片
資料表	Rank、節點說明	查詢數量、查詢數量佔比、查詢 A 數量、A 命中率、lift	

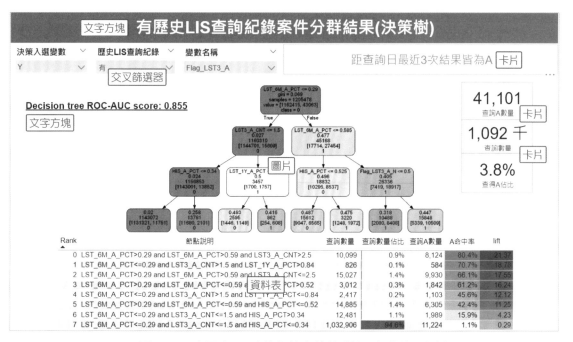

^ **圖 4-87** 有歷史 LIS 查詢紀錄案件分群結果視覺效果設計

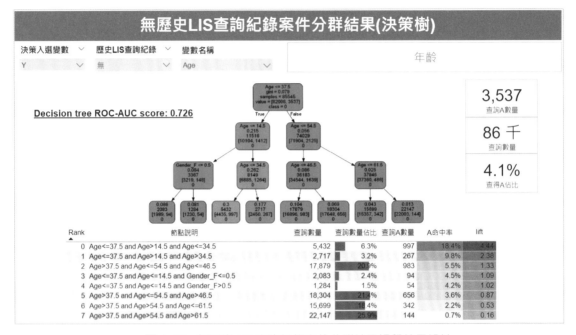

圖 4-88 無歷史 LIS 查詢紀錄案件分群結果視覺效果設計

分解樹狀結構進行決策樹分群優化

邏輯設計及適合場景

該儀表板的設計是以承接上述小節決策樹分群結果，於「有歷史 LIS 查詢紀錄案件」有集中單一群別現象（Rank:7，查詢數量佔比 94.6%），當該現象發生時，可透過本章節介紹的「分解樹狀結構」進行分群結果調整。儀表版中分解樹狀結構，是針對 Rank:7 透過「選擇資料分割方式 ➡ 高值」，在此設定下，本案例選定年齡作為有效因子，由圖 4-90 顯示隨年齡增加，查得 A 比例隨之下降。關於年齡段分組可自行按業務邏輯調整，筆者建議針對 Rank:7 群體，可細拆 4 組年齡段（40 以下、40~55、55~65 及 65 以上；年齡級距表示為：不含下界，但包含上界）。

此場景適合模型開發人員及業務人員，以直觀且更高效方式執行分群模型結果調整，無模型開發技術人員也能透過分解樹狀結構功能直接進行客戶分群。

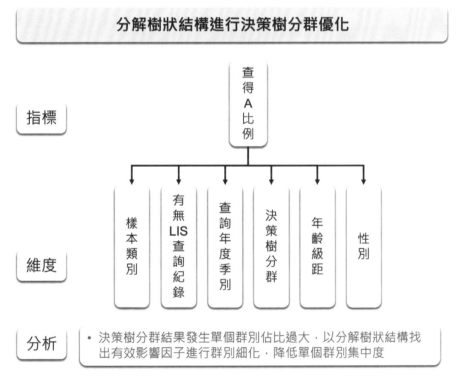

∧ 圖 4-89　分解樹狀結構進行決策樹分群優化儀表板架構設計

使用哪些主要欄位及視覺效果設計

製作範例「PowerBI_ch4_【案例七】決策節點分析應用」的「分解樹狀結構進行決策樹分群優化」儀表板，會使用到哪些視覺效果及主要欄位呢？請參考表 4-44 及圖 4-90 所示。

> **表 4-44**　分解樹狀結構進行決策樹分群優化使用視覺效果

視覺效果名稱	主要資料欄位設計		備註
	型態：類別或文字	型態：計數、值或量值	
文字方塊	標題：應用分解樹狀結構進行 LIS 優先級優化	-	-
交叉篩選器	樣本類別、無 LIS 查詢紀錄（YN）、查詢年度季別	-	-
卡片	LIS 查詢年月（起）、LIS 查詢年月（迄）	-	-
分解樹狀結構	決策樹分群、年齡級距、性別	查得 A 比例	-

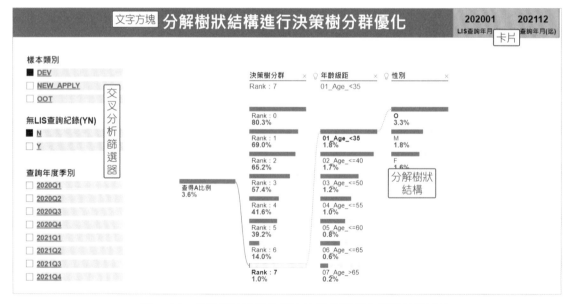

∧ **圖 4-90**　分解樹狀結構進行決策樹分群優化視覺效果設計

分群模型效果檢視

邏輯設計及適合場景

綜合本章以上小節，以 Power BI 視覺化功能檢視其他分析軟體機器學習分群結果，搭配「分解樹狀結構」功能結合，即可以重新校調分群（本案例最終是分為 15 個群別），再透過本小節儀表板設計，觀察最終分群效果表現。透過儀表板下方左側「各評等下 LIS 查得為 A 的佔比」矩陣，可看出各群別在不同時間段（年度季別）下都有明顯排序效果；另外，關於函查勞健保（LIS）業務，在【案例六】內容有提及，因 LIS 查詢接口關停，查詢作業由 IVR 改人工作業，致大量無效案件消耗行政和法務單位人力，經協調該業務人力處理量上限為 2,300 筆名單，若要以自動化產出查得為 A 機率較高的前 2,300 筆名單，透過季查詢量反推，目標人群為前 2.8%，大致落在 Rank：1~5，以過去歷史名單量平均約 2,200 人。

此場景適合模型開發人員及業務人員，觀察分群結果排序效果，作為後續應用方案設計的參考要素之一。

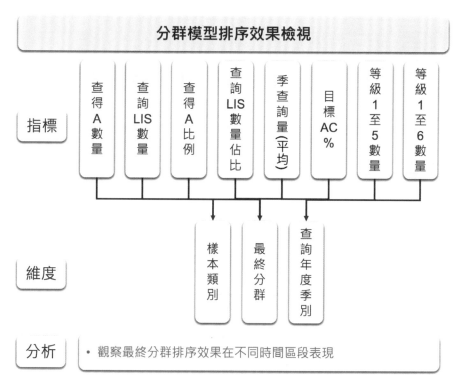

△ 圖 4-91 分群模型排序效果檢視儀表板架構設計

使用哪些主要欄位及視覺效果設計

製作範例「PowerBI_ch4_【案例七】決策節點分析應用」的「分群模型排序效果檢視」儀表板，會使用到哪些視覺效果及主要欄位呢？請參考表 4-45 及圖 4-92 所示。

> **表 4-45** 分群模型排序效果檢視使用視覺效果

視覺效果名稱	主要資料欄位設計		備註
	型態：類別或文字	型態：計數、值或量值	
文字方塊	標題：分群模型排序效果檢視	-	-
交叉篩選器	樣本類別	-	-
卡片	LIS 查詢年月（起）、LIS 查詢年月（迄）	查得 A 數量、查詢 LIS 數量、查得 A 比例、季查詢量（平均）、目標 AC%、等級 1~5 數量（月平均）、等級 1~6 數量（月平均）	-
折線與堆疊直條圖	查詢年度季別	查詢 LIS 數量、查得 A 比率	-
矩陣	排序	查得 A 比率、查詢數量佔比	-

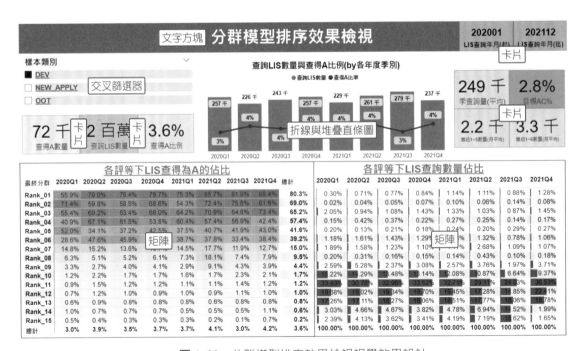

> ∧ **圖 4-92** 分群模型排序效果檢視視覺效果設計

決策分析 (1)_ 關鍵指標交叉分析

邏輯設計及適合場景

上述小節提及名單產製自動化，透過季查詢量及業務目標 2,300 筆名單，先從查得 A 比例較高的群別依序納入，直至符合名單數量後停止，據此設定每月符合目標名單其分群標籤條件為 Rank_01~ Rank_05；惟決策上可以從更多指標進行更細緻化觀察，以圖 4-94 說明，從資料表和折線圖顯示，當切點為 Rank_05，即 Rank_01~Rank_05 群體案件，佔歷史總案件量不到 3%（2.68%），而查得 A 比例將近 7 成（67.60%），遠高於整體 3.6%，並於查得 A 數量佔比達 5 成（50.02%），意指已含括歷史查得 A 案件 1 半；該儀表版設計，展示不同決策點於關鍵指標表現，讀者可結合自身業務目標，綜合多項指標進行切點決策。

此場景適合業務單位人員，綜合多個關鍵指標表現，決策分群標籤於自動化名單產製條件設定。

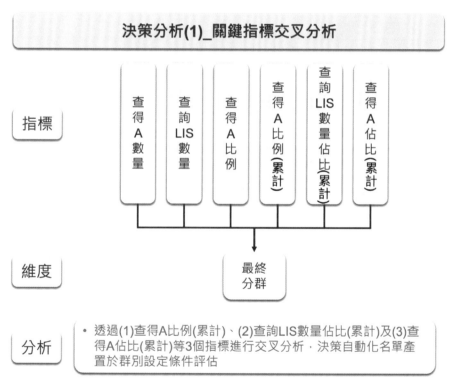

▲ 圖 4-93　決策分析 (1)_ 關鍵指標交叉分析儀表板架構設計

使用哪些主要欄位及視覺效果設計

製作範例「PowerBI_ch4_【案例七】決策節點分析應用」的「決策分析 (1)_ 關鍵指標交叉分析」儀表板，會使用到哪些視覺效果及主要欄位呢？請參考表 4-46 及圖 4-94 所示。

> **表 4-46** 決策分析 (1)_ 關鍵指標交叉分析使用視覺效果

視覺效果名稱	主要資料欄位設計		備註
	型態：類別或文字	型態：計數、值或量值	
文字方塊	標題：決策分析 (1)_ 關鍵指標交叉分析	-	-
資料表	最終分群	查得 A 數量、查詢 LIS 數量、查得 A 比例、查得 A 比例（累計）、查詢 LIS 數量佔比（累計）、查得 A 佔比（累計）	1. 依最終分群遞增排序 2. 開啟背景色彩功能
折線圖	最終分群	得 A 比例（累計）、查詢 LIS 數量佔比（累計）、查得 A 佔比（累計）	

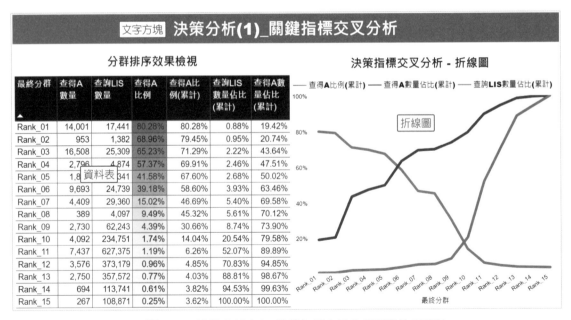

∧ **圖 4-94** 決策分析 (1)_ 關鍵指標交叉分析視覺效果設計

決策分析 (2)_ 名單條件邏輯檢核及數量統計

邏輯設計及適合場景

該儀表板的應用，可結合上述小節「決策分析 (1)_ 關鍵指標交叉分析」儀表版，在名單產製前確認，加入名單排除條件後，確立名單量是否滿足業務所需，評估是否需進行群別選定切點調整，調整後亦可檢視新切點過去歷史表現；以本案例來看，詳圖 4-96，在 2022 年 9 月 8 日盤點時，若維持在切點 Rank5 則名單量不足，直至調整至 Rank7 名單量才滿足業務目標，而回到「決策分析 (1)_ 關鍵指標交叉分析」儀表版，由歷史數據表現，切點 Rank7 查得 A 比例（累計）近 5 成（46.69%）、查得 A 案件佔比（累計）近 7 成（69.58%）。

此場景適合名單產製單位（MIS）人員及業務單位人員，在產出名單前，雙方能確認名單產製條件是否認知一致，並確保名單總量滿足需求；透過該儀表版加速跨單位溝通效率及快速響應調整後結果檢核。

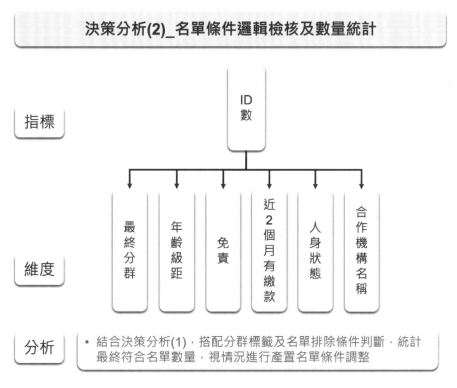

∧ 圖 4-95　決策分析 (2)_ 名單條件邏輯檢核及數量統計儀表板架構設計

使用哪些主要欄位及視覺效果設計

製作範例「PowerBI_ch4_【案例七】決策節點分析應用」的「決策分析 (2)_ 名單條件邏輯檢核及數量統計」儀表板，會使用到哪些視覺效果及主要欄位呢？請參考表 4-47 及圖 4-96 所示。

> **表 4-47** 決策分析 (2)_ 名單條件邏輯檢核及數量統計使用視覺效果

視覺效果名稱	主要資料欄位設計		備註
	型態：類別或文字	型態：計數、值或量值	
文字方塊	標題：決策分析 (2)_ 名單條件邏輯檢核及數量統計、名單條件篩選器、符合條件名單數量	-	-
卡片	資料日	ID 數	-
交叉篩選器	最終分群、年齡級距、免責、近 2 個月有繳款、人身狀態	-	-
矩陣	合作機構名稱、最終分群	ID 數	-

∧ **圖 4-96** 決策分析 (2)_ 名單條件邏輯檢核及數量統計視覺效果設計

4.8 【案例八】從實價登錄數據看行情運用

範例檔：PowerBI_ch4_【案例八】從實價登錄數據看行情運用

▽ 實價登錄六都

邏輯設計及適合場景

該儀表板的設計是以交易件數、平均單價（不含車位）等 2 個指標為主，搭配 3 個維度進行分析。實價登錄六都 Overview 儀表板，所強調的是住宅的價值是以 Location 為主要關鍵因子，因為每一個區域的發展條件及因素並不會完全相同；而從資料的內容探索分析來看，可以很清楚知道，北部的交易價格是偏高的。

儀表板的探索分析，以縣市做為交叉分析篩選器，來觀察交易件數、平均單價（不含車位）在不同維度之間的趨勢變化。

交易件數和平均單價（不含車位）分別搭配年季，以折線圖呈現。可以瞭解近期交易件數趨緩，可是平均單價（不含車位）的漲幅，長期以來是呈現穩定成長的情形，因此交易件數趨緩並不會對於平均單價（不含車位）產生顯著影響。

交易件數搭配年季、建物移轉坪數（不含車位）分組，以 100% 堆疊直條圖呈現。可以知道市場的建物移轉坪數（不含車位）在不同縣市的結構，進一步知道各縣市可能的主力產品為何，是小坪數、中坪數或大坪數等，同時也代表消費者的主力需求。

此場景適合提供所有一般大眾，想初步了解房市的交易情形，還有目前大眾的坪數需求多是哪一種類型。

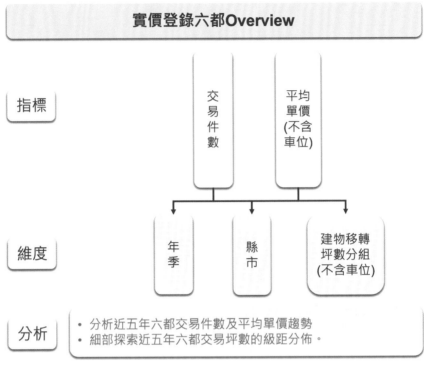

△ 圖 4-97　實價登錄六都 Overview 儀表板架構設計

使用哪些主要欄位及視覺效果設計

製作範例「PowerBI_ch4_【案例八】從實價登錄數據看行情運用」的「實價登錄六都 Overview」儀表板，會使用到哪些視覺效果及主要欄位呢？請參考表 4-48 及圖 4-98 所示。

> 表 4-48　實價登錄六都 Overview 使用視覺效果

視覺效果名稱	主要資料欄位設計		備註
	型態：類別或文字	型態：計數、值或量值	
文字方塊	標題：實價登錄六都 Overview	-	-
交叉分析篩選器	縣市	-	開啟全選功能
折線圖	年季	交易件數	-
折線圖	年季	平均單價 (不含車位)	-
100% 堆疊直條圖	年季、建物移轉坪數 (不含車位) 分組	交易件數	-

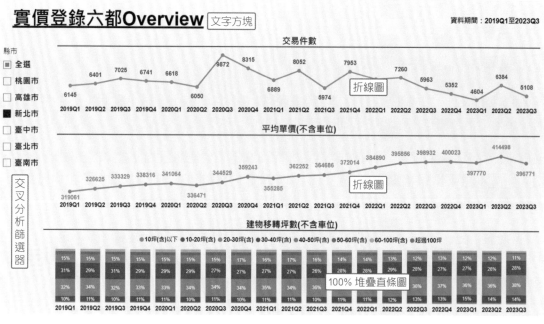

△ 圖 4-98 實價登錄六都 Overview 視覺效果設計

實價登錄六都交易分析

邏輯設計及適合場景

該儀表板的設計，主要是欲分析建物移轉坪數（不含車位）分組、總價（不含車位）分組、單價（不含車位）分組在不同年度的結構。

儀表板的探索分析，仍以縣市做為交叉分析篩選器，儀表板左邊以整體的指標來做輔助切入，分別是平均單價（不含車位）、平均單價（含車位）、平均總價（不含車位）、平均總價（含車位）等 4 個指標。

建物移轉坪數（不含車位）分組搭配年，可以瞭解每一個縣市在建物移轉坪數（不含車位）的結構變化，可以發現北部與南部會有差異；同時在總價（不含車位）分組搭配不同年度以及單價（不含車位）分組搭配在不同年度，皆會有不同差異結果。

此場景適合仍提供所有一般大眾，主要是想進一步了解房市的單價、總價帶以及建物移轉坪數結構等資訊。

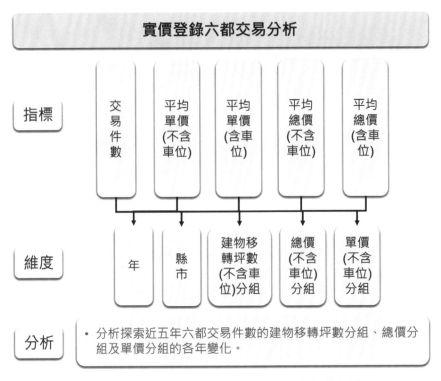

∧ **圖 4-99** 實價登錄六都交易分析儀表板架構設計

使用哪些主要欄位及視覺效果設計

製作範例「PowerBI_ch4_【案例八】從實價登錄數據看行情運用」的「實價登錄六都交易分析」儀表板，會用到哪些視覺效果及主要欄位呢？請參考表 4-49 及圖 4-100 所示。

> **表 4-49** 實價登錄六都交易分析使用視覺效果

視覺效果名稱	主要資料欄位設計		備註
	型態：類別或文字	型態：計數、值或量值	
文字方塊	標題：實價登錄六都交易分析	-	-
交叉分析篩選器	縣市	-	-
卡片	-	平均單價(不含車位)、平均單價(含車位)、平均總價(不含車位)、平均總價(含車位)	-
100% 堆疊直條圖	建物型態	交易件數	
矩陣	年、建物移轉坪數(不含車位)分組、總價(不含車位)分組、單價(不含車位)分組	交易件數	開啟資料橫條設定

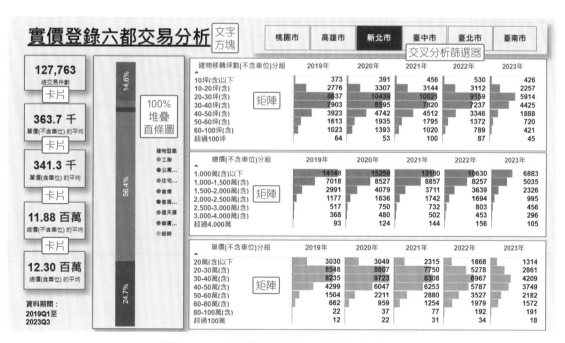

^ **圖 4-100** 實價登錄六都交易分析視覺效果設計

實價登錄六都建物坪數分析

邏輯設計及適合場景

接下來 3 個儀表板的設計皆有關聯性。

首先在「實價登錄六都建物坪數分析」儀表板;該儀表板的設計,主要是欲分析各個建物型態之下的不同建物移轉坪數(不含車位)分組情形,用以瞭解每個縣市在每年度的交易件數中,以哪一種的建物型態最熱門,以及移轉坪數的結構。

此場景適合提供所有一般大眾,主要是想分析不同區域之下的移轉坪數結構。

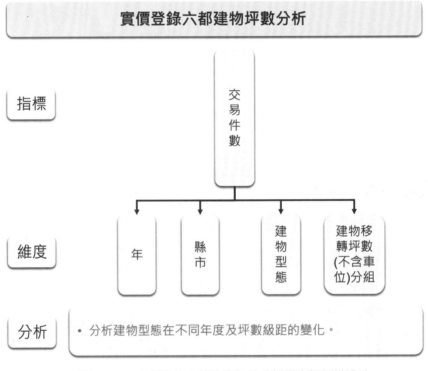

△ 圖 4-101　實價登錄六都建物坪數分析儀表板架構設計

使用哪些主要欄位及視覺效果設計

製作範例「PowerBI_ch4_【案例八】從實價登錄數據看行情運用」的「實價登錄六都建物坪數分析」儀表板，會用到哪些視覺效果及主要欄位呢？請參考表 4-50 及圖 4-102 所示。

> **表 4-50** 實價登錄六都建物坪數分析指標使用視覺效果

視覺效果名稱	主要資料欄位設計		備註
	型態：類別或文字	型態：計數、值或量值	
文字方塊	標題：實價登錄六都建物坪數分析	-	-
交叉分析篩選器	縣市	-	開啟全選功能
矩陣	建物型態、建物移轉坪數（不含車位）分組	交易件數	開啟資料橫條設定

∧ **圖 4-102** 實價登錄六都建物坪數分析視覺效果設計

實價登錄六都建物單價分析

邏輯設計及適合場景

再來是「實價登錄六都建物單價分析」儀表板；該儀表板的設計，主要是欲分析各個建物型態之下的不同單價（不含車位）分組情形，用以瞭解每個縣市在每年度的交易件數中，以哪一種的建物型態最熱門，以及每坪單價的結構。

此場景仍適合提供所有一般大眾，主要是用來分析不同區域之下的每坪單價結構。

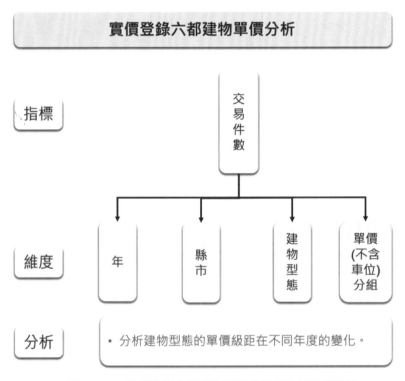

△ 圖 4-103　實價登錄六都建物單價分析儀表板架構設計

使用哪些主要欄位及視覺效果設計

製作範例「PowerBI_ch4_【案例八】從實價登錄數據看行情運用」的「實價登錄六都建物單價分析」儀表板，會用到哪些視覺效果及主要欄位呢？請參考表 4-51 及圖 4-104 所示。

> **表 4-51** 實價登錄六都建物單價分析使用視覺效果

視覺效果名稱	主要資料欄位設計		備註
	型態：類別或文字	型態：計數、值或量值	
文字方塊	標題：實價登錄六都建物單價分析	-	-
交叉分析篩選器	縣市	-	開啟全選功能
矩陣	建物型態、單價(不含車位)分組	交易件數	開啟資料橫條設定

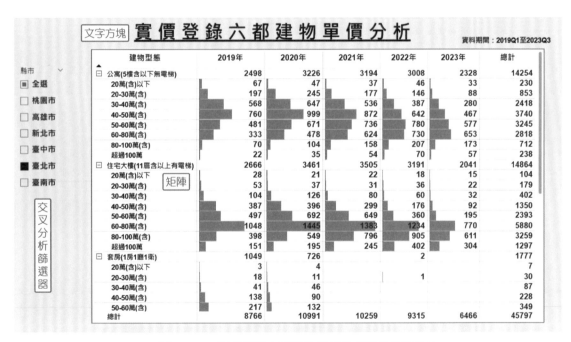

^ **圖 4-104** 實價登錄六都建物單價分析視覺效果設計

實價登錄六都建物總價分析

邏輯設計及適合場景

最後一個則是「實價登錄六都建物總價分析」儀表板；該儀表板的設計，主要是欲分析各個建物型態之下的不同總價（不含車位）分組情形，用以瞭解每個縣市在每年度的交易件數中，以哪一種的建物型態最熱門，以及總價帶的結構。

此場景適合提供所有一般大眾，主要是用來分析不同區域之下的總價帶結構。

從實價登錄六都建物坪數分析、實價登錄六都建物單價分析與實價登錄六都建物總價分析等這 3 個儀表板，在進行探索分析時，我們可以知道在不同的 Location 中，房子的坪數、單價、總價都是具有一定的關聯性。

舉例來說坪數大，通常單價低、總價高；坪數小、通常單價高、總價低。

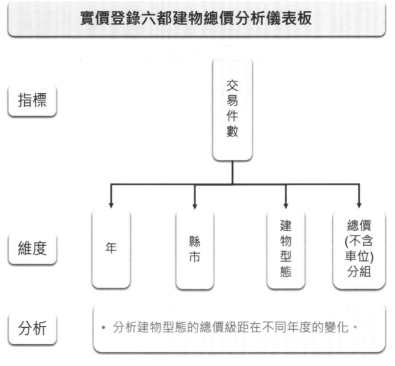

∧ **圖 4-105** 實價登錄六都建物總價分析儀表板架構設計

使用哪些主要欄位及視覺效果設計

製作範例「PowerBI_ch4_【案例八】從實價登錄數據看行情運用」的「實價登錄六都建物總價分析」儀表板，會用到哪些視覺效果及主要欄位呢？請參考表 4-52 及圖 4-106所示。

> **表 4-52** 實價登錄六都建物總價分析使用視覺效果

視覺效果名稱	主要資料欄位設計		備註
	型態：類別或文字	型態：計數、值或量值	
文字方塊	標題：實價登錄六都總價分析	-	-
交叉分析篩選器	縣市	-	開啟全選功能
矩陣	建物型態、總價（不含車位）分組	交易件數	開啟資料橫條設定

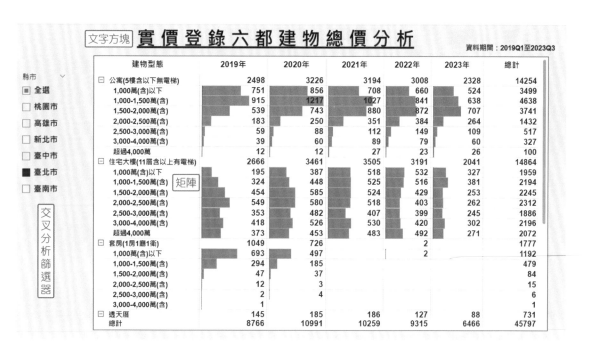

∧ **圖 4-106** 實價登錄六都建物總價分析視覺效果設計

實價登錄六都建物軌跡分析

邏輯設計及適合場景

該儀表板的設計，主要是用來分析一次分析不同縣市在單價、總價以及交易件數的分佈及關係。而其中儀表板的 2 項指標是以中位數來做表示，也是避免以平均數來呈現，而失去了整體可能所代表的數值。

另外，新增播放軸，主要可以用來觀察每一個縣市的軌跡變化；當軌跡變化從左下至右上行進，代表整個交易的單價、總價和交易件數，是呈現一個穩定成長的狀態；當軌跡變化從右上下至左下行進，則代表整個交易的單價、總價和交易件數，是呈現一個明顯下滑的狀態

此場景適合一般資料分析人員，可以運用此儀表板來執行房市的趨勢分析，並且從單價、總價及交易件數的角度來切入。

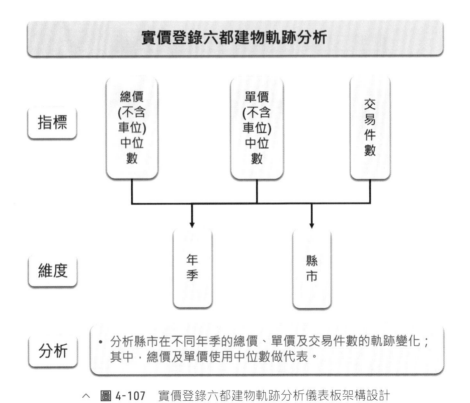

△ 圖 4-107　實價登錄六都建物軌跡分析儀表板架構設計

使用哪些主要欄位及視覺效果設計

製作範例「PowerBI_ch4_【案例八】從實價登錄數據看行情運用」的「實價登錄六都建物軌跡分析」儀表板，會用到哪些視覺效果及主要欄位呢？請參考表 4-53 及圖 4-108 所示。

> **表 4-53** 實價登錄六都建物軌跡分析使用視覺效果

視覺效果名稱	主要資料欄位設計		備註
	型態：類別或文字	型態：計數、值或量值	
文字方塊	標題：實價登錄六都建物軌跡分析	-	-
散佈圖	縣市	交易件數、總價(不含車位)中位數、單價(不含車位)中位數	圖例：縣市
播放軸	年季	-	-

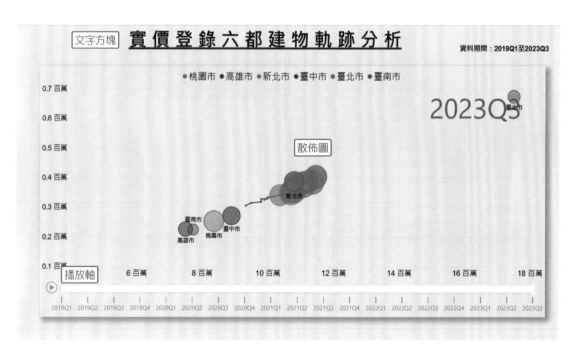

∧ **圖 4-108** 實價登錄六都建物軌跡分析視覺效果設計

實價登錄六都鄉鎮區型態分析

邏輯設計及適合場景

該儀表板的設計，主要是用來進行下一層的探索分析，使用兩個交叉分析篩選器，分別是縣市及鄉鎮市區，可以進一步瞭解到以鄉鎮市區為單位的建物型態結構分析，並且搭配年季來看整個結構的變化分佈。

此場景同樣適合一般資料分析人員，可以運用此儀表板來探索分析下一層的單位（鄉鎮市區）建物型態結構。

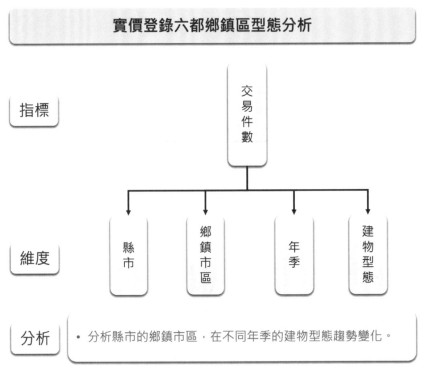

圖 4-109　實價登錄六都鄉鎮區型態分析儀表板架構設計

使用哪些主要欄位及視覺效果設計

製作範例「PowerBI_ch4_【案例八】從實價登錄數據看行情運用」的「實價登錄六都鄉鎮區型態分析」儀表板,會用到哪些視覺效果及主要欄位呢?請參考表 4-54 及圖 4-110 所示。

> **表 4-54** 實價登錄六都鄉鎮區型態分析使用視覺效果

視覺效果名稱	主要資料欄位設計		備註
	型態:類別或文字	型態:計數、值或量值	
文字方塊	標題:實價登錄六都鄉鎮區型態分析	-	-
交叉分析篩選器	縣市、鄉鎮市區	-	縣市開啟全選功能
100% 堆疊直條圖	建物型態、年季	交易件數	

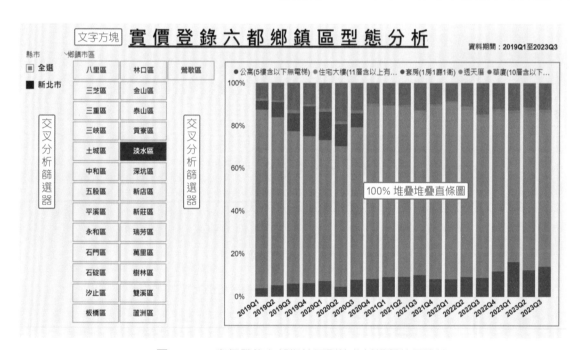

∧ **圖 4-110** 實價登錄六都鄉鎮區型態分析視覺效果設計

Power BI 大數據實戰應用--零售 x 金融

作　　者：謝邦昌 / 蘇志雄 / 宋龍華 / 鄭歆蕊
企劃編輯：江佳慧
文字編輯：王雅雯
設計裝幀：張寶莉
發 行 人：廖文良

發 行 所：碁峰資訊股份有限公司
地　　址：台北市南港區三重路 66 號 7 樓之 6
電　　話：(02)2788-2408
傳　　真：(02)8192-4433
網　　站：www.gotop.com.tw
書　　號：ACD024100
版　　次：2024 年 05 月初版
建議售價：NT$680

國家圖書館出版品預行編目資料

Power BI 大數據實戰應用：零售 X 金融 / 謝邦昌, 蘇志雄, 宋龍
　華, 鄭歆蕊著. -- 初版. -- 臺北市：碁峰資訊, 2024.05
　　面；　公分
　ISBN 978-626-324-778-9(平裝)
　1.CST：大數據　2.CST：資料探勘　3.CST：商業資料處理
　4.CST：電腦軟體
312.74　　　　　　　　　　　　　　　　　113002885